Tous nos ouvrages sont disponibles aux

Éditions Decoopman
Ferrières
30440 Saint-Laurent-le-Minier
Tel : +33 (0)4.67.73.90.95
web : www.decoopman.com
e.mail : editions@decoopman.com

Olivier Lacaux
Jean Castanier

I.S.B.N. 978-2-36965-006-5
Dépot légal : 2e trimestre 2014

Ouvrages parus
dans la même collection :

- *Catéchisme des chauffeurs*
- *Des mécanismes élémentaires* - L.E. Loche
- *Traité pratique des engrenages* - L. Wève
- *Distribution de la vapeur* - M. Castelnau
- *Fabriquer des moteurs Stirling* - A. Ross
- *Moteurs* - Tome 1 et 2 - Max de Nansouty
- *Moteurs & Gazogènes* – L. Letombe
- *L'Artillerie moderne de monde industriel)* – L. Huard
- *La Marine de guerre de monde industriel)* – L. Huard
- *Locomotive & Chemin de Fer* – L. Figuier
- *Engrenages & Transmissions* – G. Franche
- *La machine locomotive* – E. Sauvage
- *Gouvernails à vapeur FARCOT* – J. Farcot
- *Les bateaux à vapeur* – L. Figuier
- *Les Locomobiles* – L. Figuier
- *La machine à vapeur T1* – E. Sauvage
- *La machine à vapeur T2* – E. Sauvage
- *Manuel du moteur Stirling pour le modéliste* – D. Lyonnet
- *Les chemins de fer* – A. Guillemin
- *Tiroirs et distributeurs de vapeur* – A. Madamet
- *La Marine de guerre – A. Sauvaire–Jourdan*
- *L'A.B.C. du Chauffeur* – H. Mathieu
- *La navigation sous–marine* – G.L. Pesce
- *Histoire de la machine à vapeur* – R.H. Thurston
- *Les paquebots à grande vitesse* – M. Dumoulin
- *Les Moteurs* – H. de Graffigny
- *Les Torpilles* – E. Hennebert
- *507 Mouvements mécaniques* – H. Brown
- *Les Machines* – E. Collignon
- *La Vapeur* – A. Guillemin

ORGANES DE TRANSMISSION

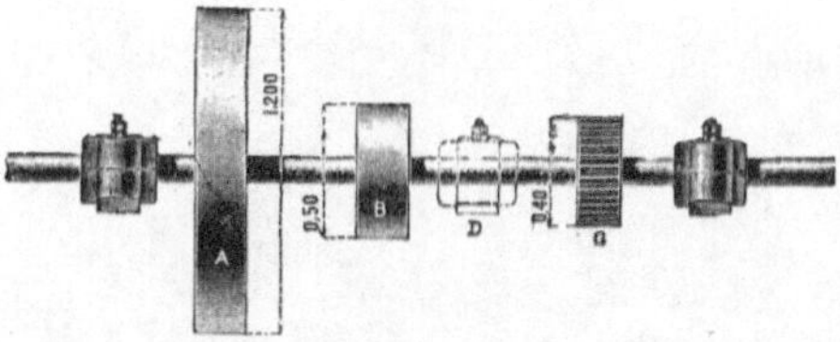

René CHAMPLY

Mécanicien - Électricien

Avec le concours d'Ingénieurs et Constructeurs spécialistes

Ouvrage illustré de 200 figures

1927

AVANT-PROPOS

En rédigeant cette *Nouvelle Encyclopédie des Constructeurs*, nous nous proposons de mettre la théorie et la technique à la portée des mécaniciens chaudronniers, électriciens, n'ayant qu'une instruction élémentaire et de les renseigner sur les modes de fabrication les plus modernes.

Les constructeurs auxquels nous nous adressons ne trouvent pas facilement satisfaction dans les livres de haute valeur scientifique destinés aux ingénieurs ; ce qu'ils désirent, ce sont des données pratiques applicables, immédiatement et sans calculs trop compliqués, aux travaux de tous les jours.

Nous donnerons, pour cela, beaucoup de tableaux de calculs faits et de résultats d'expériences.

Nous nous sommes adressés, pour la documentation de notre travail, aux meilleures usines de construction : elles ont répondu avec empressement à nos demandes de renseignements sur leurs fabrications et nous ont communiqué des chiffres, des dessins et des précisions pratiques du plus haut intérêt et tout à fait à jour des progrès les plus récents.

Cette *Nouvelle Encyclopédie* sera donc une réunion des théories scientifiques et techniques réduites, autant que possible, à leurs éléments pratiques et des réalisations exécutées par les industriels les plus réputés pour la bonne conception et la fabrication parfaite de leurs machines.

Nous espérons qu'un travail ainsi présenté rendra d'importants services aux petits et moyens constructeurs qui, travaillant généralement sans ingénieurs spécialisés, ont besoin de documents simples, précis et surtout pratiques.

Nous recevrons avec plaisir les observations et les indications complémentaires de nos lecteurs, afin d'en tenir compte dans les prochaines éditions de ces volumes.

René Champly.

La documentation de ce volume nous a été facilitée par les firmes suivantes, auxquelles nous adressons nos remerciements :

- **Les fils de A. Piat et Cie**, Paris.
- **Société des Engins graisseurs**, Paris.
- **Boachon**, Paris.
- **Établissements Barré**, Paris.
- **Compagnie d'Applications mécaniques**, Paris.
- **Société des Roulements à billes R. B. F.**, Paris.
- **Établissements Malicet et Blin**, Aubervilliers.
- **Société des Roulements à billes S. K. F.**, Paris.
- **Siemens et Halske A. G.**, Berlin.
- **Journal « L'Usine »**, Paris.
- **Teste, constructeur**. Paris.
- **Société Citroën**, Paris.
- **J. Julien, embrayages**, Paris.
- **Gobey, Barberet et Cie**, Roanne.
- **Glaenzer et Perreaud**, Paris.
- **Société aux « Forges de Vulcain »**, Paris.
- **Teisset et Brault (Enrouleurs Lenix)**, Chartres.
- **Établissements Bonaffous, Bozonet et Cie**, Saint-Ouen (Seine).
- **Société des courroies Lechat**, Paris.
- **Getting et Jonas, courroies**, Saint-Denis.
- **Aciéries Sandwik**, Suède.
- **Fouillaron, constructeur**, Paris,

Première Partie

CONSIDÉRATIONS GÉNÉRALES SUR LES TRANSMISSIONS PAR ARBRES, POULIES ET COURROIES

CHAPITRE I

ARBRES DE TRANSMISSION

La résistance de l'acier étant supérieure à celle du fer, les arbres en acier ont toujours un diamètre plus faible que celui des arbres en fer, à égalité de travail transmis. La transmission en acier est donc plus légère et moins coûteuse que celle en fer.

Dans l'établissement d'une ligne d'arbres, il faut autant que possible unifier les diamètres de ceux-ci, tant qu'il n'existe pas, entre deux portions voisines, ou entre deux lignes distinctes, une différence dans la puissance à transmettre supérieure à 10 ou 12 chevaux ; cette manière de faire a pour heureux résultat de limiter les rechanges à un nombre très faible de types dissemblables.

Les arbres doivent résister aux efforts de flexion déterminés par le poids des pièces, la tension des courroies, la pression sur les dents des engrenages et aux efforts de torsion provenant du couple moteur total ou d'une fraction de ce couple en des points déterminés de la ligne. C'est donc en vue de la somme de ces deux efforts que leurs dimensions seront déterminées.

Il est toujours préférable, pour réduire la torsion, que l'attaque d'une ligne de transmission soit faite au milieu de sa longueur ; quand cela n'est pas possible, elle peut être faite en n'importe quel point ; mais il faut apporter au calcul des diverses parties de ces arbres les principes de la résistance des matériaux.

Les arbres d'attaque se font toujours en acier forgé de bonne qualité.

Les murs, les poteaux en bois ou métalliques, les colonnes, les planchers et les massifs en maçonnerie supportant les transmissions doivent être établis avec le plus grand soin. Ils doivent résister aux charges statiques de la transmission mais dans l'établissement de leur forme et de leurs dimensions, on doit également tenir compte des efforts dynamiques dus à son état de mouvement. Il faut empêcher toute vibration ou tout déplacement de ces supports, quelles que soient les variations dans le travail de la transmission, afin que la sécurité soit complète.

La classification des arbres, telle qu'elle existe dans la plupart des ouvrages techniques, en *premiers, seconds, troisièmes moteurs*, etc., ne semble pas reposer sur une base sérieuse ; on peut envisager deux catégories : l'une comportant tous les arbres spéciaux, d'attaque ou autres, que leur position, la nature et l'importance des forces qui les sollicitent, les conditions particulières de leur fonctionnement, commandent de déterminer à l'aide des lois de la résistance des matériaux et de la dynamique, en appliquant les coefficients que les expériences pratiquées sur de nombreuses installations analogues ont fait connaître ; l'autre comprend tous les arbres qui forment les lignes de transmission, c'est-à-dire les travées avec des arbres de même diamètre, sur lesquels seront fixées les poulies qui commandent les métiers, les divers appareils, les machines-outils, etc.

Pour les arbres de cette catégorie, les formules courantes, consacrées par l'usage, sont suffisantes dans la plupart des cas pour en déterminer les dimensions. Le calcul, ici, doit être employé plutôt comme moyen de vérification que de détermination absolue des dimensions considérées. Il faut toujours prendre le diamètre des arbres correspondant à l'alésage des séries de paliers du commerce et, de préférence, le choisir, par excès, un multiple exact de 10.

Ordinairement, on admet que les écartements les plus convenables entre deux paliers sont les suivants :

Pour des arbres de	40 mm.	de diamètre	2^{m}	à	2^{m} 250
—	50 mm.	—	2^{m} 500	à	2^{m} 750
—	60 mm.	—	2^{m}750	à	3^{m}
—	70 mm.	—	3^{m}	à	3^{m} 300
—	80 mm.	—	3^{m} 300	à	3^{m} 500
—	90 à 100 mm.	—	3^{m} 500	à	4 m

Si les arbres sont chargés de poulies lourdes avec des courroies larges, il faut diminuer hardiment ces portées ; si, au contraire, ils sont peu ou point chargés, on peut sans inconvénient les augmenter, sans jamais dépasser toutefois la cote maxima indiquée de plus de 25 à 30 centimètres. Cependant il n'est pas prudent de donner plus de 4 mètres de portée aux arbres de 80 à 100 millimètres chargés ou non. Pour les grandes vitesses de rotation, les portées ci-dessus spécifiées seront diminuées très sensiblement.

Les arbres doivent être munis d'embases aux tourillons des paliers placés près des engrenages d'angle, embrayages, etc. ; dans tous les autres cas on les placera toujours le plus près possible du milieu de la longueur de la ligne, pour bien partager les effets de la dilatation.

Il y a quelquefois intérêt à adopter des *arbres creux*, de préférence aux arbres pleins ; ce genre de transmission n'a pas cependant beaucoup progressé à cause de son prix élevé, de l'incommodité que présentent les tubes pour y faire des calages sérieux et de la difficulté d'emmanchement et de centrage des tourillons à leurs extrémités. Ils peuvent cependant être utiles pour franchir de grandes distances entre les paliers.

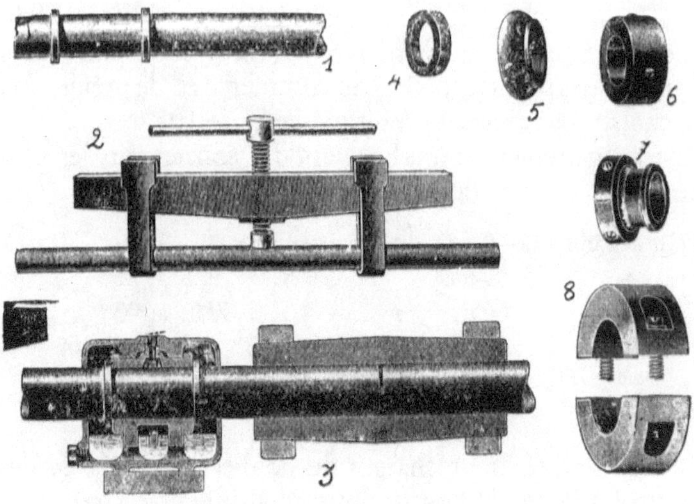

Fig. 1. — Arbre avec épaulements.
Fig. 2. — Presse à dresser les arbres de transmission.
Fig. 3. — Palier et manchon d'accouplement.
Fig. 4. — Bague étroite en acier se fixant à l'intérieur des paliers dite bague-larmier.
Fig. 5. — Bague à bourrelet pour poulies folles et butées de paliers.
Fig. 6. — Bague cylindrique pour butées et poulies folles.
Fig. 7. — Bague d'arrêt pour palier graisseur.
Fig. 8. — Bague d'arrêt en deux pièces.

CALCUL DES ARBRES DE TRANSMISSION

Les arbres principaux d'attaque sont calculés à la flexion comme des solides reposant sur leurs paliers qui sont leurs appuis théoriques dans l'axe même des tourillons. Le coefficient de travail ainsi trouvé doit être combiné avec celui provenant de la torsion et fournir la valeur du travail total du métal. J.-B. Bélanger conseille d'appliquer, pour faire cette combinaison, la règle fort simple, suffisante en pratique, disant que le travail total est égal à « la racine carrée de la somme des carrés des deux coefficients de flexion et de torsion ».

Pour les arbres de la deuxième catégorie, constituant les lignes courantes de transmission, les règles à suivre pour calculer leurs dimensions dépendent aussi des différentes conditions qu'on se propose de leur faire remplir. On peut demander, en effet :

- Que tous les arbres travaillent également sous l'action des forces extérieures ;
- Que l'angle de torsion soit indépendant du diamètre, mais proportionnel à la longueur des arbres ;
- Enfin, que l'angle de torsion ait une valeur déterminée pour une longueur d'arbre donnée. Nous allons montrer à l'aide de quelles relations rigoureuses on peut déterminer les diamètres dans chacun de ces cas. Appelons :

  l la longueur en centimètres du bras de levier sur lequel agit la force extérieure pour produire la torsion ;
  P la valeur de cette force en kilogrammes ;
  d le diamètre de l'arbre en centimètres ;
  R le coefficient de travail du métal par centimètre carré sur le contour de l'arbre ;
  N le nombre de chevaux transmis par l'arbre ;
  n le nombre de tours que l'arbre fait dans une minute ;
  L la longueur de l'arbre en centimètres ;
  G le coefficient d'élasticité du métal à la torsion ;
  φ l'angle de torsion exprimé en degrés.

Dans le premier cas, pour les arbres d'égale résistance le diamètre se détermine par l'une des deux formules suivantes et comme suit :

$$d = \sqrt[3]{\frac{5{,}09}{R}}\sqrt[3]{P.l}$$

$$d = \sqrt[3]{\frac{364754}{R}}\sqrt[3]{\frac{N}{n}}$$

Pour les arbres en fer de qualité moyenne on aurait, en adoptant le coefficient de travail de 210 kilos par centimètre carré :

$$d = 0{,}29 \sqrt[3]{P.l} \text{ et } d = 12 \sqrt[3]{\frac{N}{n}}$$

et pour les arbres en acier doux ordinaire, en adoptant le coefficient de 315 kilos par centimètre carré, on aurait :

$$d = 0{,}253 \sqrt[3]{P.l} \text{ et } d = 9{,}6 \sqrt[3]{\frac{N}{n}}$$

L'angle de torsion exprimé en degrés a pour valeur :

$$\varphi = 16 \frac{Pl.L.}{G\, d^4} \frac{360}{19{,}74} = 291{,}8 \frac{P.l}{G} \frac{L}{d^4}$$

Pour les arbres en fer : G = 1 000 000.
Pour ceux en acier : G = 1 200 000.

Les arbres d'**égale résistance** ont donc un angle de torsion d'autant plus grand que le diamètre est plus petit ; et si la longueur devient égale à 40 fois le diamètre, l'angle de torsion a pour valeur : **un degré**.

Dans le deuxième cas, pour les arbres d'**égale élasticité**, l'angle de torsion doit être indépendant du diamètre et proportionnel à la longueur ; on a alors :

Pour le fer forgé : $d = 12 \sqrt[4]{\frac{N}{n}}$

Pour l'acier : $d = 9{,}6 \sqrt[4]{\frac{N}{n}}$

Enfin, dans le troisième cas, pour des arbres correspondant à un angle de torsion donné, on suppose que cet angle de torsion total, pour une longueur donnée L, ait une certaine valeur déterminée.

On a alors :
Pour les arbres en fer : $d = 25 \sqrt[4]{\frac{N}{n} \frac{L}{\varphi}}$

Pour les arbres en acier : $d = 20{,}8\sqrt[4]{\frac{N}{n}\frac{L}{\varphi}}$

Il est généralement admis que l'angle de torsion total ne doit pas dépasser 1/4 de degré par mètre courant ; il y a même intérêt à se tenir en dessous de cette valeur.

D'après ces relations on a dressé les tableaux suivants (*d'après A. Piat et fils*).

Arbres d'égale résistance : $d = 12\sqrt[3]{\frac{N}{n}}$
et $d = 9{,}6\sqrt[3]{\frac{N}{n}}$ **en centimètres.**

Tableau I – Arbres d'égale résistance

$\frac{N}{n}$	d En fer	d En acier	$\frac{N}{n}$	d En fer	d En acier	$\frac{N}{n}$	d En fer	d En acier
0.0156	3.00	2.40	0.1589	6.50	5.20	1.0000	12.00	9.60
0.0199	3.25	2.60	0.1985	7.00	5.60	1.2698	13.00	10.40
0.0248	3.50	2.80	0.2441	7.50	6.00	1.5860	14.00	11.20
0.0305	3.75	3.00	0.2963	8.00	6.40	1.9507	15.00	12.00
0.0371	4.00	3.20	0.3554	8.50	6.80	2.3630	16.00	12.80
0.0527	4.50	3.60	0.4219	9.00	7.20	2.8397	17.00	13.60
0.0723	5.00	4.00	0.4962	9.50	7.60	3.3710	18.00	14.40
0.0963	5.50	4.40	0.5787	10.00	8.00	3.9640	19.00	15.20
0.1250	6.00	4.80	0.7703	11.00	8.80	4.6300	20.00	16.00

Application : Trouver le diamètre d'un arbre devant transmettre 80 chevaux à 161 tours.

On a N/*n* = 80 / 161 = 0,4968 et en lisant le tableau en face de ce nombre, nous voyons que le diamètre correspondant serait de 95 millimètres en fer et de 76 millimètres en acier. Il faudrait alors adopter pratiquement 100 millimètres en fer et 80 millimètres en acier.

Si le quotient de N/*n* ne se trouve pas dans la table, il faut alors, pour éviter une interpolation, choisir le nombre immédiatement supérieur et adopter les diamètres correspondant à ce dernier.

Arbres d'égale élasticité : $d = 12\sqrt[4]{\frac{N}{n}}$

et $d = 9.6\sqrt[4]{\frac{N}{n}}$ **en centimètres.**

Tableau II – Arbres d'égale élasticité

N/n	d En fer	d En acier	N/n	d En fer	d En acier	N/n	d En fer	d En acier
0.0039	3.00	2.40	0.0861	6.50	5.20	1.0000	12.00	9.60
0.0054	3.25	2.60	0.1158	7.00	5.60	1.3774	13.00	10.40
0.0072	3.50	2.80	0.1526	7.50	6.00	1.8526	14.00	11.20
0.0095	3.75	3.00	0.1975	8.00	6.40	2.4414	15.00	12.00
0.0123	4.00	3.20	0.2517	8.50	6.80	3.1605	16.00	12.80
0.0199	4.50	3.60	0.3164	9.00	7.20	4.0279	17.00	13.60
0.0301	5.00	4.00	0.3928	9.50	7.60	5.062	18.00	14.40
0.0441	5.50	4.40	0.4823	10.00	8.00	6.285	19.00	15.20
0.0625	6.00	4.80	0.7061	11.00	8.80	7.716	20.00	16.00

En se servant de ce tableau comme du précédent, on voit de suite la différence qui existe entre les dimensions obtenues dans chacun des cas : ainsi un arbre en fer d'égale résistance pour N / *n* = 0,1985 aurait 70 millimètres de diamètre et, pour transmettre le même travail, un arbre d'égale élasticité aurait pour N / *n* = 0,1975 un diamètre de 80 millimètres.

Ce tableau devra donc être appliqué lorsqu'on aura à transmettre un effort important à l'extrémité d'une longue ligne d'arbres.

Tourillons des arbres.

Les tourillons des arbres, ou portées, sont les parties qui reposent directement et tournent sur les coussinets des paliers ; ils travaillent à la torsion et à la flexion quand ils sont placés dans les travées intermédiaires et seulement à la flexion quand ils sont aux extrémités libres du même arbre. Nous savons calculer les premiers ; pour les seconds, appelons : P la réaction du coussinet sur le tourillon, répartie également sur sa longueur ; *d* le diamètre ; *l* la longueur de ce tourillon et R le coefficient de travail du métal à la flexion.

En adoptant pour R une valeur de 5 kilos par millimètre carré, le diamètre est déterminé par la relation très simple :

$$d = 0{,}14\sqrt{P} \text{ en centimètres}$$

Nous devons toutefois signaler que la détermination d'un tourillon est le plus souvent très complexe à causes des éléments dont il faut tenir compte pour empêcher tout échauffement. Il faut donc se montrer très prudent dans l'application de ces formules et ne s'en rapporter qu'au constructeur pour les cas un peu compliqués. Néanmoins, la charge *p* sur un tourillon dont la surface en centimètres carrés est égale à $l \times d$ peut être comptée comme suit :

Jusqu'à 100 tours par minute	$p =$	12 à 15 kg.	par cm^2.
— 240 —	$p =$	8 à 10 kg.	—
— 860 —	$p =$	6 à 8 kg.	—
Au-dessus de 400 tours,	$p =$	5 à 6 kg.	—

(D'après M. Piat.)

Pratiquement, on admet par centimètre carré : pour tourillons bien graissés :

Acier trempé sur bronze, graissé.....................90 kilos
Fonte sur bronze, graissé ....30 —
Acier sur gaïac, dans l'eau ....25 —

et, lorsque l'effort est discontinu ou alternatif :

Manivelles, tourillons acier sur bronze.......... 75 —

— pour machines à grande vitesse ....125 —

le tout par centimètre carré de surface frottante.

Pivots.

Les arbres verticaux et leurs pivots ne sont employés que dans des cas particuliers assez restreints ; néanmoins ils sont nécessaires dans certaines installations : leur diamètre peut être déterminé par les relations suivantes, d'après M. Piat :

Si les arbres ne sont animés que d'une faible vitesse,

$$d = 0{,}14 \sqrt{P} \text{ en centimètres.}$$

Pour des arbres fortement chargés et animés d'une grande vitesse :

$$d = 0{,}0000224\ Pn.$$

P représentant la pression totale du pivot sur le fond ou grain de la crapaudine et *n* le nombre de tours par minute.

Le diamètre de la portée d'un pivot peut être calculé comme suit :

Acier sur bronze, charge 50 k. par cm^2.

$$d = 1{,}86 \sqrt{P}$$

Fonte sur bronze, charge 25 k. par cm^2.

$$d = 2{,}62 \sqrt{P}$$

Acier sur gaïac, charge 100 k. par cm^2.

$$d = 1{,}31 \sqrt{P}$$

P étant la charge totale supportée par le pivot (*d'après Reuleaux*) (Voir *Paliers de butée*).

CHAPITRE II

CALCUL DES ÉLÉMENTS D'UNE TRANSMISSION

Arbres de transmission

On les a faits jadis en bois ; on les faisait, il y a 50 ans, en fer tourné ; mais aujourd'hui tous les arbres sont en acier doux ou demi-dur pour les transmissions d'atelier et les accouplements d'organes de machines ordinaires. Pour les machines subissant une fatigue anormale, tournant à très grande vitesse, ou exigeant une grande légèreté (automobiles, aviation, moteurs à gaz, arbres de rotors de machines électriques et de turbines, etc.), on emploie des aciers spéciaux dont nous avons donné la nomenclature dans le volume II de cette Encyclopédie. (Aciers au nickel et nickel-chrome.)

Les arbres de transmission en acier que l'on trouve tout faits dans le commerce, en longueurs de 4 à 7 mètres, et que l'on peut obtenir plus longs sur commande, sont de deux sortes :

1. Les arbres en acier tourné, pris dans des barres brutes de laminage ; ces arbres ont une structure homogène, on peut y pratiquer sans inconvénient des rainures ou des plats pour clavettes ; en les usinant sur le tour

on peut y réserver des épaulements ou embases pour former butée contre les paliers.

2. Les arbres en acier dit comprimé, qui sont obtenus par étirage ou laminage à froid de barres d'acier doux. Il résulte de ce traitement que la couche extérieure de l'arbre est écrouie et plus dure que l'intérieur de la barre ; si l'on fait une rainure, un plat ou une gorge même peu profonde dans un de ces arbres, on supprime en tout ou partie la couche écrouie, ce qui provoque un travail de l'acier dont la structure n'est pas homogène, et il en résulte généralement que l'arbre ne tourne plus rond. Il faut alors le redresser avec une presse à dresser les barres et à froid, bien entendu (fig. 2).

Le même risque de fausser l'arbre en acier comprimé se produit, si l'on chauffe une de ses parties, ce qui détruit l'écrouissage de la couche extérieure.

Quand on emploie les arbres en acier comprimé, qui sont livrés parfaitement droits, calibrés et polis par l'industrie, il faut donc éviter les rainures et plats pour clavettes et employer, autant que possible des poulies se fixant par serrage sur l'arbre.

Voici ce qu'imprimait à cet égard, en 1910, la Société des Engins graisseurs :

> « Grâce à une publicité extraordinaire, on a réussi, depuis quelques années, à faire employer des arbres de transmissions en acier, dit « comprimé », qui sont recommandés comme étant de qualité supérieure, permettant de réduire les diamètres des transmissions.
>
> « Ces arbres sont en réalité en acier étiré au banc, le plus souvent d'importation étrangère, ou fabriqués avec des machines américaines à grande production, et s'ils présentent un fini plus soigné, des expériences comparatives ont fait constater qu'ils offrent moins de résistance et de sécurité que ceux en acier tourné des mêmes diamètres.

« Dans les deux modes de compression, l'acier doux employé est soumis à un travail qui porte atteinte à sa limite d'élasticité et détruit en partie la résistance du métal, et il n'est pas rare de voir ces arbres casser en pleine section, pour des efforts au-dessous d'un travail normal. On peut en citer de nombreux exemples. Ces arbres se faussent et ne tournent pas rond, lorsqu'on fait des plats ou des cannelures pour les poulies, et ceux fabriqués avec les machines américaines étant écrouis plutôt que comprimés, à leur surface, il n'est pas rare de voir le métal se soulever par écailles, et présenter des rugosités qui détruisent très rapidement les paliers.

« Ces graves inconvénients ont fait abandonner complètement, en Amérique, l'emploi des machines à grand débit et de l'acier dit comprimé, pour revenir aux arbres en acier tourné qui sont, peut-être moins bien polis et d'un prix un peu plus élevé, mais qui en réalité sont de qualité supérieure. »

Ceci confirme ce que nous avons dit ci-dessus mais sous les réserves que nous avons faites : en laissant à l'arbre en acier comprimé l'intégrité de sa surface, il rend d'excellents services pour l'établissement économique des transmissions ordinaires d'atelier.

Pour celles qui fatiguent beaucoup par variation des efforts, qui tournent à grande vitesse ou commandent des engrenages produisant des vibrations, il est évidemment préférable d'employer des arbres eu acier tourné (acier doux, acier naturel ou acier spécial, suivant le cas).

Pour réaliser une butée ou une portée sur un arbre en acier comprimé ou tourné, on y pose une frette à chaud, l'alésage de cette frette étant fait à un pour cent en moins que le diamètre de l'arbre à fretter.

Le tournage extérieur de l'embase ou épaulement ainsi obtenu est fait sur l'arbre lui-même après que la frette est refroidie.

Détermination des diamètres des arbres de transmission en acier

Ce diamètre dépend des 3 facteurs suivants : 1° La force à transmettre en chevaux vapeur N ; 2° Le nombre de tours par minute *n ;* 3° La charge sur l'arbre entre les paliers.

Cette charge est la somme du poids de l'arbre, du poids des poulies et des tensions des courroies, réactions des engrenages, etc.

Le calcul théorique du diamètre de l'arbre s'obtient en combinant les efforts de torsion et de flexion, mais dans la pratique on emploie pour les arbres en acier la formule :

$$d = 9{,}6 \sqrt[3]{\frac{N}{n}}$$ (*d* est exprimé en mm.)

(*Tableau page 19.*)

qui ne tient compte que, dans une certaine mesure, des efforts de flexion.

Cette formule s'emploie pour les arbres de faible longueur mais dans le cas d'une transmission, il y a lieu de tenir compte de l'angle de torsion et d'appliquer la formule suivante :

$$d = 9{,}6 \sqrt[4]{\frac{N}{n}}$$

Le tableau page 20 donne les diamètres des arbres en acier d'après cette formule, et comme les arbres se font en multiples de 5 mm, il faut toujours prendre le diamètre au-dessus de celui trouvé dans ce tableau.

Exemple : Trouver le diamètre d'un arbre devant transmettre 25 chevaux à 80 tours par minute.

Le tableau I, page 19, indique 68 mm et il faudrait prendre 70 millimètres.

Ce tableau est établi pour des transmissions moyennement chargées et travaillant régulièrement. Dans

Diamètres des arbres en fer et en acier à employer selon le nombre de tours par minute et la puissance à transmettre

Nombre de tours par minute.

Force en chevaux	métal	20	30	40	50	60	70	80	100	120	140	150	160	180	200	250	300	350	400
1	fer	40	35	32	32	28	28	25	25	23	23	23	23	20	20	20	19	19	16
	acier	35	32	28	25	25	25	22	22	20	20	20	20	20	20	20	17	17	14
2	fer	50	45	40	38	35	35	35	30	30	30	25	25	25	25	23	23	20	20
	acier	45	38	35	32	32	30	28	25	25	25	22	22	22	22	20	20	18	16
3	fer	55	50	45	45	40	40	38	35	32	32	28	28	28	28	25	25	22	22
	acier	50	45	40	40	35	35	32	30	28	28	25	25	25	25	22	22	20	20
4	fer	65	57	50	50	45	42	40	38	35	35	32	32	32	30	30	25	25	25
	acier	58	50	45	42	40	38	35	32	30	30	28	28	28	25	25	22	22	22
5	fer	70	60	55	50	50	46	46	44	40	38	35	35	35	32	30	28	28	25
	acier	62	54	50	45	45	42	42	40	35	32	30	30	30	28	25	25	25	22
10	fer	85	78	70	65	60	58	53	50	48	45	45	45	40	40	38	38	35	32
	acier	75	70	64	55	50	50	48	45	42	40	40	40	35	35	32	32	30	28
15	fer	100	85	80	72	70	65	60	55	50	50	50	50	48	45	45	40	38	38
	acier	90	75	70	65	60	58	55	50	45	45	45	45	42	40	40	35	32	32
20	fer	110	95	85	80	78	74	68	63	60	58	55	55	55	50	50	45	40	40
	acier	95	85	75	70	70	65	60	55	55	52	50	50	50	45	45	40	35	35
25	fer	115	100	90	85	85	76	75	72	65	65	60	55	55	50	50	45	45	45
	acier	100	90	80	75	75	70	68	65	58	58	55	50	50	45	45	40	38	38
30	fer	130	110	100	95	90	85	78	75	70	68	65	60	60	57	55	50	50	50
	acier	110	95	90	85	80	75	70	65	62	60	60	55	55	50	50	45	45	45
35	fer	135	115	110	100	95	90	85	76	74	68	68	68	64	60	57	54	50	50
	acier	115	100	95	90	85	80	75	70	65	60	60	60	58	55	50	48	45	45
40	fer	140	120	115	100	95	95	90	80	76	74	70	70	70	65	60	56	55	50
	acier	120	110	95	90	85	85	80	70	70	65	62	62	62	60	55	50	50	45
50	fer	145	130	120	110	100	100	95	85	80	80	76	74	70	70	65	62	57	52
	acier	125	115	100	95	90	90	85	75	70	70	70	65	65	65	60	55	50	48
60	fer	160	140	130	115	110	100	95	90	85	85	80	80	75	75	70	70	60	55
	acier	140	120	110	100	90	90	85	80	75	75	70	70	65	65	60	60	55	50
70	fer	165	145	135	125	115	110	105	95	95	90	85	85	80	80	75	75	65	60
	acier	145	125	115	110	100	90	90	85	80	75	75	75	70	70	65	65	60	55
80	fer	170	150	140	130	125	115	110	105	100	95	85	85	85	80	75	75	70	70
	acier	150	135	120	115	110	100	95	90	90	85	75	75	75	70	65	65	60	60
90	fer	180	160	150	135	130	125	115	110	100	100	95	95	90	85	80	75	75	70
	acier	160	140	130	115	110	105	100	95	90	90	85	85	80	75	70	65	65	60
100	fer	185	165	155	140	135	130	125	110	110	105	100	95	90	90	85	80	75	70
	acier	165	145	130	120	115	110	100	95	95	95	90	85	80	75	75	70	65	60
125	fer	200	180	170	145	140	135	135	120	115	110	110	100	100	95	90	85	75	75
	acier	180	155	145	130	125	120	120	105	100	95	95	90	90	85	80	75	70	65
150	fer	210	185	170	160	150	140	135	125	120	115	115	105	105	100	95	90	85	80
	acier	185	165	150	140	130	125	120	110	105	100	100	95	90	90	85	80	75	70
175	fer	220	195	185	165	155	150	145	135	130	125	120	115	110	110	100	95	90	85
	acier	195	175	165	150	140	135	125	120	115	110	105	100	95	85	95	85	80	75
200	fer	230	205	190	175	165	155	145	140	135	130	125	120	115	115	105	100	95	90
	acier	205	180	170	155	145	140	135	125	120	115	110	105	100	100	95	90	85	80

le cas où celles-ci devraient commander des machines travaillant par à-coups, avec des chocs, comme des laminoirs, marteaux, etc., il faudrait multiplier le nombre trouvé par 1,2 ou 1,3.

Vitesses des transmissions. — Les vitesses les plus convenables à recommander sont les suivantes :

- Pour machines à métaux ordinaires de 90 à 120 tours par minute.
- Pour petites machines à métaux de 110 à 160 tours par minute.
- Pour machines à bois de 250 à 300 tours par minute. Pour filatures coton, laine, chanvre de 300 à 400 tours par minute.

Dans l'installation d'une transmission, il faut toujours chercher à placer les poulies de commande des diverses machines le plus près possible des paliers pour éviter la flexion des arbres.

Espacement à donner aux paliers des transmissions

Lorsque les poulies sont fixées contre les paliers, de façon qu'il y ait le moins possible de tirage de la courroie en porte-à-faux, il est possible d'espacer beaucoup plus les paliers que lorsque les poulies sont placées en un point quelconque de l'arbre.

En ce dernier cas, le tirage de la courroie joint au poids de la poulie fait fléchir l'arbre et cette flexion se traduit par une ondulation d'un bout à l'autre de la transmission, ce qu'il faut absolument éviter.

Les tableaux ci-après indiquent les espacements à donner aux paliers, en mètres :

1° Dans le cas où les poulies sont près des paliers :

Diam. de l'arbre	25	30	35	40	45	50	55	60
Écartement des paliers :								
normal.......	1,55	1,70	1,85	2	2,20	2,35	2,50	2,65
maximum	1,70	1,90	2	2,25	2,35	2,50	2,75	3,00
Diam. de l'arbre	65	70	75	80	90	100	110	120
Écartement des paliers :								
normal.......	2,75	2,95	3,10	3,25	3,55	3,95	4	4,10
maximum	3,25	3,50	3,75	4,00	4,15	4,25	4,35	4,40

2° Dans le cas où les poulies sont en un point quelconque de l'arbre, tout en évitant de les mettre vers le milieu :

Diam. de l'arbre	25	35	45	55	65	75	95	115
Écartement des paliers..	1,00	1,20	1,30	1,50	2,00	2,50	3,00	3,25

Charge sur un arbre

Pour éviter des ennuis et des accidents, il faut avoir soin de ne pas trop charger une transmission.

La charge à considérer est la somme :

- Du poids de l'arbre compris entre les deux paliers ;
- Du poids des poulies, manchons, etc. ;
- Des tensions des courroies, réactions d'engrenages, etc. ;

Nous indiquons dans le tableau page 21 les charges que l'on peut pratiquement faire supporter sur une portée, d'après les efforts à transmettre pour un arbre en acier.

Détermination des tensions des courroies, réactions d'engrenages, etc.

Pour utiliser le tableau, page 32, il est nécessaire de pouvoir déterminer ces efforts.

Dans les conditions habituelles de fonctionnement, les tensions des deux brins d'une courroie sont égales à environ trois fois l'effort tangentiel transmis, et pour les engrenages, la réaction est égale à l'effort tangentiel.

Nous donnons ci-dessous un tableau indiquant, pour chaque diamètre de poulie, le coefficient par lequel il faut multiplier le rapport N / *n* (nombre de chevaux transmis par la poulie ou la roue, divisé par le nombre de tours) pour avoir l'effort tangentiel :

Tableau III. Effort tangentiel

Diamètre	Coefficient	Diamètre	Coefficient	Diamètre	Coefficient	Diamètre	Coefficient
0,100	7162	0,550	1302,2	1,000	716,20	1,900	376,95
0,150	4775	0,600	1193,7	1,100	651,09	2,000	358,10
0,200	3581	0,650	1101,8	1,200	596,83	2,250	318,31
0,250	2465	0,700	1023,1	1,300	550,92	2,500	286,48
0,300	2387	0,750	954,93	1,400	511,57	2,750	260,43
0,350	2046	0,800	895,25	1,500	477,47	3,000	238,78
0,400	1790	0,850	842,59	1,600	447,62	3,500	204,63
0,450	1591	0,900	795,78	1,700	421,29	4,000	179,05
0,500	1432	0,950	753,89	1,800	397,89	5,000	143,24

On utilise ces tableaux pour vérifier les portées d'arbres surchargées, afin de voir s'il n'y a pas lieu d'ajouter un palier entre les deux autres ou de mettre un arbre plus fort.

Exemple : Soit (fig. 9) un arbre d'une transmission transmettant 20 chevaux à 100 tours ; il reçoit son mouvement par la poulie A qui a 1,200 de diamètres, il commande par la poulie B qui a 0,500 de diamètre une machine qui demande 4 chevaux et par l'engrenage C qui a 0,400 de diamètre une deuxième machine qui absorbe 3 chevaux.

L'arbre étant en acier le tableau I indique que le diamètre devra être de 60 mm. D'après ce qui précède, la portée ou distance entre les deux paliers devrait être de 3 mètres.

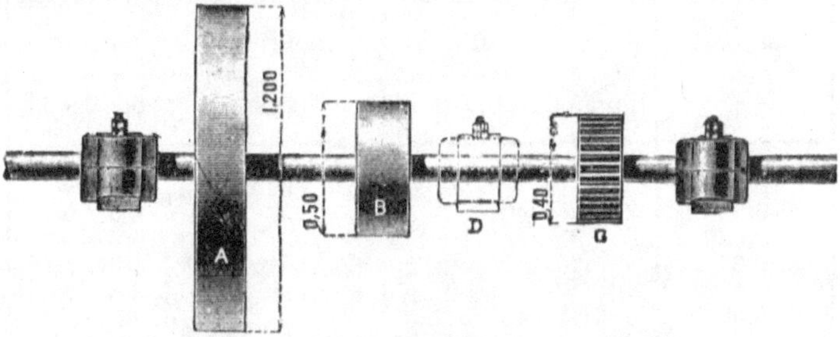

Fig. 9. — Arbre chargé.

Nous allons vérifier si ce diamètre de 60 mm est suffisant.

Nous supposons que le poids de l'arbre ainsi que celui des poulies, roue et courroies soit de 220 kilos et nous allons déterminer les efforts des diverses parties.

L'effort tangentiel de la poulie A est de (20/100) x 596,8 = 119,36 et la somme des tensions des deux brins de la courroie est de 119,36 x 3 = 358 kilos.

L'effort tangentiel de la poulie B est de (4/100) x 1,432 = 57,28 et la somme des tensions des deux brins de la courroie est de 57,28 x 3 = 171 kilos.

TABLEAU IV. TABLEAU INDIQUANT LES DIAMÈTRES À ADOPTER POUR LES ARBRES DE TRANSMISSION EN ACIER SELON LA CHARGE À SUPPORTER ENTRE PALIERS À DISTANCE NORMALE ET EN FONCTION DU RAPPORT N / *n* DE LA PUISSANCE TRANSMISE AU NOMBRE DE TOURS PAR MINUTE.

Rapport $\frac{N}{n}$	Charge en kilogrammes										
	100	150	200	300	400	500	600	700	800	900	1.000
0,020	30	35	40	50	55	60	65	70	75	80	90
0,025	35	35	40	50	55	60	65	70	75	80	90
0,030	35	35	40	50	55	60	65	70	75	80	90
0,040	40	40	40	50	55	60	65	70	75	80	90
0,050	40	40	40	50	55	60	65	70	75	80	90
0,060	45	45	45	50	55	60	65	70	75	80	90
0,070	45	45	45	50	55	60	65	70	75	80	90
0,080	50	50	50	50	55	60	65	70	75	80	90
0,090	50	50	50	50	55	60	65	70	75	80	90
0,100	50	50	50	50	55	60	65	70	75	80	90
0,150	55	55	55	55	55	60	65	70	75	80	90
0,200	60	60	60	60	60	60	65	70	75	80	90
0,250	65	65	65	65	65	65	65	70	75	80	90
0,300	70	70	70	70	70	70	70	70	75	80	90
0,400	75	75	75	75	75	75	75	75	80	85	90
0,500	80	80	80	80	80	80	80	80	80	85	90
0,600	80	80	80	80	80	80	80	80	85	90	95
0,700	85	85	85	85	85	85	85	85	85	90	95
0,009	90	90	90	90	90	90	90	90	90	90	100
1,000	90	90	95	95	95	95	95	95	95	100	100
1,100	95	95	95	95	95	100	100	100	100	100	100
1,200	95	95	100	100	100	100	100	100	100	100	100

Pour l'engrenage C, l'effort tangentiel ou réaction sur l'arbre est de :

(3 / 100) x 1,790 = 54 kilos.

La charge totale sur l'arbre entre les 2 paliers est donc de :

220 + 358 + 161 + 54 = 793

Or, dans le tableau n° 4, nous voyons que pour transmettre 20 chevaux à 100 tours, ce qui donne le rapport N / *n* = 0,20 et pour supporter une charge de 800 kilos il faut un arbre de 75 millimètres. Il faudra donc mettre un palier intermédiaire en D, par exemple, ou mettre un arbre de 75 mm dans cette partie de transmission.

Poulies et tambours

On construit de nombreuses sortes de poulies : en fonte, en fer, en tôle, en bois, en carton, etc.

Les poulies en fonte et en fer s'emploient surtout pour transmettre de grandes puissances, mais la poulie en fer a l'avantage d'être plus légère et de supprimer les craintes d'éclatement que donne la poulie en fonte quand elle tourne à grande vitesse.

La poulie en bois s'emploie pour transmettre de faibles puissances, elle est très légère et présente une adhérence très précieuse ; elle coûte peu.

Toutes les poulies devant s'installer sur les arbres de transmissions se font en deux pièces pour faciliter la pose sans avoir à démonter les arbres.

Si une poulie doit transmettre un effort régulier, comme par exemple commander un tour, l'entraînement de la poulie par l'arbre est assuré par le serrage des deux parties du moyeu de la poulie sur l'arbre.

Pour les poulies en bois on peut mettre de la toile d'émeri entre le moyeu et l'arbre en appliquant la partie émerisée sur l'arbre.

Si la poulie commande une machine travaillant par à-coups, comme un pilon, il est nécessaire de mettre une clavette qui, avec le serrage du moyeu, assure l'entraînement d'une façon absolue.

Le clavetage d'une poulie doit toujours être fait en face d'un bras ou d'une partie renflée du moyeu.

La jante des poulies est légèrement bombée afin de maintenir la courroie bien en place.

Il arrive souvent que la poulie placée sur la transmission doit commander une poulie fixe et une poulie folle pour permettre le débrayage de la machine.

Dans ce cas, la jante de la poulie est droite pour permettre le glissement de la courroie et on la désigne sous le nom de tambour. Sa largeur est égale à celle totale des poulies fixe et folle.

Lors de la commande d'une poulie, il est nécessaire d'indiquer :

- Le diamètre extérieur de la jante ;
- La largeur de la jante ;
- Le diamètre d'alésage.

Pour les poulies devant transmettre de grands efforts, il faut indiquer en outre le nombre de chevaux que la poulie doit transmettre et le nombre de tours par minute, pour donner aux bras la section suffisante.

Ordinairement le diamètre d'une poulie est égal au moins à 40 ou 50 fois l'épaisseur de la courroie, afin de marcher dans de bonnes conditions. On peut, il est vrai, employer des poulies de plus faible diamètre, mais c'est au détriment de l'adhérence et de la durée, parce qu'il faut tendre les courroies beaucoup plus.

Le diamètre maximum que l'on peut donner aux poulies est le plus souvent déterminé par la place dont on dispose.

Cependant il ne faut pas exagérer outre mesure ce diamètre, qui ne doit jamais être tel que la vitesse circonférentielle de la poulie soit supérieure à 30 mètres par seconde, afin d'éviter les éclatements de poulie et les effets de force centrifuge qui tendent à détacher la courroie de la jante.

On prend comme largeur des poulies de 10 à 20 mm de plus que la largeur des courroies.

Le diamètre d'une poulie qui doit être commandée par une autre se détermine par la relation $D / d = n / N$, c'est-à-dire que le nombre de tours de deux poulies réunies par une courroie sont inversement proportionnels aux diamètres de ces poulies.

Exemple : Trouver le diamètre d'une poulie à placer sur une transmission tournant à 300 tours par minute, qui doit commander une machine tournant à 80 tours et dont la poulie réceptrice a 900 mm de diamètre.

En désignant par *d* le diamètre de la poulie cherchée on a la relation :

d / 900 = 800 / 300 d'où d = 900 x 80 / 300 = 240 mm

La largeur de la jante sera égale à celle de la poulie de 900 mm si c'est une poulie, et le double si c'est un tambour.

Le diamètre d'alésage est celui de l'arbre sur lequel la poulie est montée. Il peut arriver quelquefois, dans le calcul précédent, qu'on obtienne un nombre trop petit ou trop grand. Ainsi par exemple, si, dans le cas ci-dessus, le diamètre de la poulie de la machine était de 300 mm, on trouverait que la poulie à placer sur la transmission devrait avoir 80 mm de diamètre, ce qui est évidemment trop faible.

Il faut alors installer un renvoi intermédiaire dont on détermine le nombre de tours de manière que les poulies aient des diamètres convenables, ni trop grands ni trop petits.

On procède par tâtonnements en fixant un nombre de tours pour l'intermédiaire, entre les deux nombres de tours connus et en calculant les diamètres des poulies

Si ces diamètres ne donnent pas satisfaction, on recommence avec un nombre de tours plus petit ou plus grand que celui fixé pour la première opération.

Dans les calculs précédents, nous n'avons pas tenu compte du glissement de la courroie, qui varie entre ½ et 4 %.

On ne tient compte de cet effet de glissement que dans des cas tout à fait spéciaux, lorsque le rapport des vitesses doit être presque rigoureux.

Lors du montage de transmissions, il faut avoir soin que les arbres des poulies se commandant soient bien parallèles et que les poulies soient bien en face l'une de l'autre. Sans ces deux conditions, la courroie ne peut pas rester en place et tend toujours à tomber.

Courroies

On trouve dans le commerce plusieurs genres de courroies, en cuir, en coton, en caoutchouc, en poils de chameau, en balata, etc.

Toutes ces courroies donnent de bons résultats lorsqu'elles sont bien établies et leur durée dépend de leur bonne fabrication, de la bonne installation et de leur entretien.

Lorsque les poulies commandées par une même courroie doivent tourner dans le même sens ou en sens contraire, la courroie doit être droite ou croisée. On doit éviter autant que possible les courroies croisées, parce qu'elles absorbent plus de puissance et s'usent plus vite que les courroies droites.

Les meilleures vitesses linéaires à donner aux courroies sont de 20 à 25 mètres à la seconde. Il ne faut jamais dépasser 30 mètres.

Il ne faut pas que les axes des poulies soient trop rapprochés, ni que l'angle α (fig. 10), formé par les deux brins de la courroie, soit trop grand.

On se trouve dans de bonnes conditions, lorsque la distance d'axe des poulies est d'au moins 4 à 5 mètres pour des courroies de moins de 100 mm de largeur, et de 5 à 8 et 10 mètres pour des courroies de plus de 100 mm de largeur, et quand l'angle α est inférieur à 300.

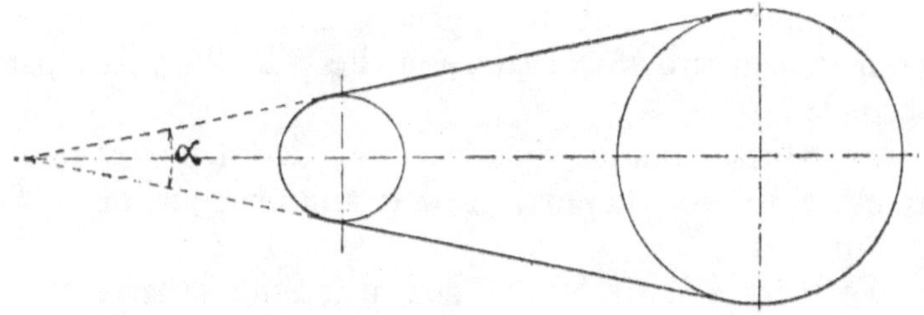

Fig. 10. – Angle des brins d'une courroie.

La puissance absorbée par une courroie droite établie dans de bonnes conditions est d'environ 3% de la puissance qu'elle transmet.

Détermination des dimensions d'une courroie.

La largeur et l'épaisseur d'une courroie se déterminent d'après la puissance à transmettre et le nombre de tours.

La section en millimètres carrés d'une courroie simple travaillant dans les conditions normales exposées ci-dessus et embrassant la plus petite poulie sous un angle égal ou supérieur à 150°, est donnée par la formule :

$$S = 560\ (N / v)$$

dans laquelle N représente la puissance en chevaux vapeur transmise par la courroie, et v la vitesse linéaire en mètres par seconde de celle-ci. Cette section peut encore être obtenue par la formule suivante en fonction de l'effort tangentiel $S = F \times 7{,}5$ dans laquelle F représente l'effort tangentiel en kilos.

Le tableau page 230 permet de trouver rapidement la largeur d'une courroie simple d'après la force à transmettre et la vitesse par seconde. Il est établi, en supposant l'épaisseur de la courroie égale à 6 mm. Si l'épaisseur de la courroie était supérieure ou inférieure à 6 mm, on trouverait sa largeur par une simple règle de trois.

Exemple : Trouver la largeur d'une courroie simple pour transmettre 48 chevaux à la vitesse de 24 mètres par seconde.

Le tableau indique qu'à la vitesse de 24 mètres pour transmettre 40 chevaux, il faut une largeur de 210 millimètres.

Pour transmettre 50 chevaux, il indique la largeur de 235 mm ; pour transmettre 48 chevaux on peut prendre 230 mm, en 6 mm d'épaisseur.

La section de la courroie sera donc de 230 x 6. Si cette courroie avait 7 mm d'épaisseur, la largeur serait de (230 x 6) / 7 = 200 millimètres.

Il est préférable d'avoir une courroie large, d'épaisseur ordinaire, plutôt qu'une courroie étroite de plus forte épaisseur.

Pratiquement, on n'emploie pas de courroie simple de plus de 600 mm de largeur, et lorsqu'on a besoin d'une courroie plus forte, on utilise une courroie double.

On détermine la largeur d'une courroie double, en multipliant par 0^{m},66 la largeur trouvée pour une courroie simple.

Ainsi dans l'exemple précédent, la courroie double transmettant la même puissance aurait 220 mm x 0,66 = 145 mm, soit 150 mm de largeur.

Si la courroie embrasse une poulie dont le diamètre est moindre que 50 fois l'épaisseur de la courroie, il faut augmenter la largeur trouvée de 10 à 20 %, suivant que la poulie est plus ou moins petite, et cela pour compenser le défaut d'adhérence ainsi que l'effet de la force centrifuge qui, à vitesse linéaire égale, est beaucoup plus grand sur les petites poulies que sur les grandes.

Pour permettre le calcul rapide des courroies, nous donnons dans les tableaux pages 30 et 33 les vitesses linéaires des courroies par seconde d'après le diamètre des poulies et le nombre de tours. *Exemple : Trouver la vitesse linéaire d'une courroie montée sur une poulie de 850 mm de diamètre et tournant à 367 tours par minute.*

En se reportant au tableau, on voit que pour une poulie de 850 mm de diamètre tournant à 300 tours, la vitesse de la courroie est de 13,352, en tournant à 60 tours, elle est de 2,67 et en tournant à 7 tours, elle est de 0,311. La vitesse à 367 tours est donc égale à 13,352 + 2,67 + 0,311 = 16,333 à la seconde.

Entretien. — Les courroies demandent à être entretenues avec soin. Il faut les essuyer et les graisser au moins tous les six mois. Lorsqu'elles sont bien nettoyées, on les graisse avec de l'huile de poisson ou du suif de boeuf, qui donnent les meilleurs résultats.

Les courroies neuves s'allongent rapidement et il est nécessaire de les retendre de temps en temps. Pour cela, il faut couper environ 3 ou 4 mm de cuir par mètre de longueur de courroie, c'est-à-dire si la courroie a 13 mètres de longueur par exemple, on peut couper de 45 à 60 millimètres.

Il ne faut jamais employer de résine pour donner de l'adhérence, cette matière desséchant les courroies et les mettant rapidement hors d'usage.

Nous étudierons plus en détail les courroies à la fin de ce volume.

PUISSANCE PERDUE PAR UNE TRANSMISSION

La puissance F, absorbée par une transmission est exprimée par la formule suivante, dans laquelle :

C = Coefficient de frottement 0,06.
P = Poids des arbres, manchons et poulies en kilos.
π = 3,1416.
n = Nombre de tours par minute.

Tableaux donnant la vitesse linéaire d'après le diamètre des poulies et le

Diamètres des poulies

Tours par minute	200	250	300	350	400	450
1	0.010	0.013	0.016	0.018	0.021	0.024
2	0.021	0.026	0.031	0.036	0.042	0.047
3	0.031	0.039	0.047	0.055	0.063	0.071
4	0.042	0.052	0.063	0.073	0.084	0.094
5	0.052	0.065	0.078	0.092	0.105	0.118
6	0.063	0.078	0.084	0.110	0.126	0.141
7	0.073	0.092	0.110	0.128	0.147	0.165
8	0.084	0.105	0.126	0.147	0.167	0.188
9	0.094	0.118	0.141	0.165	0.188	0.212
10	0.105	0.131	0.157	0.183	0.209	0.236
20	0.209	0.262	0.314	0.366	0.419	0.471
30	0.314	0.393	0.471	0.550	0.628	0.707
40	0.419	0.524	0.628	0.733	0.838	0.942
50	0.524	0.654	0.785	0.916	1.047	1.178
60	0.628	0.785	0.842	1.100	1.257	1.414
70	0.733	0.916	1.099	1.283	1.467	1.649
80	0.838	1.047	1.257	1.466	1.675	1.885
90	0.942	1.178	1.414	1.149	1.885	2.120
100	1.047	1.309	1.571	1.833	2.094	2.356
200	2.094	2.618	3.142	3.665	4.189	4.712
300	3.142	3.927	4.712	5.498	6.283	7.069
400	4.189	5.236	6.283	7.331	8.378	9.425
500	5.236	6.545	7.854	9.163	10.472	11.781
600	6.283	7.854	8.425	10.996	12.566	14.137
700	7.330	9.163	10.996	12.829	14.661	16.493
800	8.377	10.472	12.566	14.661	16.755	18.849
900	9.425	11.781	14.137	16.494	18.850	21.206
1000	10.472	13.090	15.708	18.327	20.944	23.562

D = Diamètre de l'arbre.
F = (C x P x π x *n* x D) / (75 x 60) = 0,000042 P*n*D.

Le coefficient 0,06 s'applique aux coussinets lisses ; avec des paliers à billes, ce coefficient peut être pris de 0,0015 à 0,002 seulement, il reste à peu près constant avec la charge et la vitesse.

Nota. — Le coefficient de frottement des paliers lisses est :

0,025 avec graissage et ajustage parfaits.

DES COURROIES EN MÈTRES, PAR SECONDE,
NOMBRE DE TOURS PAR MINUTE.

DIAMÈTRES DES POULIES

500	550	600	650	700	750	800
0.026	0.029	0.031	0.034	0.037	0.039	0.042
0.052	0.057	0.063	0.068	0.073	0.078	0.084
0.078	0.086	0.094	0.102	0.110	0.118	0.126
0.105	0.115	0.126	0.136	0.147	0.157	0.167
0.131	0.144	0.157	0.170	0.183	0.196	0.209
0.157	0.173	0.189	0.204	0.220	0.236	0.251
0.183	0.201	0.220	0.238	0.256	0.275	0.295
0.209	0.230	0.251	0.272	0.293	0.314	0.335
0.236	0.259	0.283	0.306	0.330	0.353	0.377
0.262	0.288	0.314	0.340	0.366	0.393	0.419
0.524	0.576	0.628	0.681	0.733	0.785	0.838
0.785	0.864	0.942	1.021	1.099	1.178	1.257
1.047	1.152	1.257	1.361	1.466	1.571	1.675
1.309	1.440	1.571	1.702	1.833	1.963	2.094
1.571	1.728	1.885	2.042	2.199	2.356	2.513
1.833	2.016	2.199	2.382	2.566	2.749	2.932
2.094	2.304	2.513	2.723	2.932	3.142	3.351
2.356	2.592	2.827	3.063	3.299	3.534	3.770
2.618	2.880	3.142	3.403	3.665	3.927	4.189
5.236	5.760	6.283	6.807	7.330	7.854	8.378
7.854	8.639	9.425	10.210	10.996	11.781	12.566
10.472	11.519	12.566	13.614	14.661	15.708	16.755
13.090	14.399	15.708	17.017	18.326	19.635	20.944
15.708	17.279	18.850	20.420	21.991	23.562	25.133
18.326	20.159	21.991	23.824	25.654	27.489	29.322
20.944	23.038	25.133	27.227	29.322	31.416	33.510
23.562	25.918	28.274	30.631	32.987	25.343	37.699
26.180	28.798	31.416	34.034	36.652	39.270	41.888

0,054 avec bon graissage à l'huile.
0,10 avec graissage à la graisse ou au suif.

Il croit avec la charge et la vitesse.

Rendement des transmissions

On peut estimer d'une façon assez exacte pour la pratique le rendement d'une transmission sur paliers lisses à 92 % et celui d'une transmission sur roulements à billes à 97 % environ.

Tableaux donnant la vitesse linéaire d'après le diamètre des poulies et le

Diamètres des poulies

Tours par minute	850	900	950	1.000	1.100	1.200
1	0.044	0.047	0.050	0.52	0.057	0.063
2	0.089	0.094	0.099	0.105	0.115	0.126
3	0.133	0.141	0.149	0.157	0.173	0.188
4	0.178	0.188	0.199	0.207	0.230	0.251
5	0.222	0.236	0.249	0.262	0.288	0.314
6	0.267	0.283	0.298	0.314	0.345	0.377
7	0.311	0.330	0.348	0.366	0.403	0.440
8	0.356	0.377	0.398	0.419	0.461	0.503
9	0.400	0.424	0.448	0.471	0.518	0.565
10	0.445	0.471	0.497	0.524	0.576	0.628
20	0.890	0.942	0.995	1.047	1.152	1.257
30	1.335	1.414	1.492	1.571	1.728	1.885
40	1.780	1.885	1.990	2.049	2.304	2.513
50	2.225	2.356	2.487	2.618	2.830	3.142
60	2.670	2.827	2.984	3.142	3.456	3.770
70	3.115	3.299	3.482	3.665	4.032	4.399
80	3.560	3.770	3.979	4.189	4.608	5.026
90	4.005	4.241	4.477	4.712	5.184	5.655
100	4.451	4.712	4.924	5.236	5.760	6.283
200	8.901	9.425	9.948	10.472	11.519	12.566
300	13.352	14.137	14.923	15.708	17.279	18.850
400	17.802	18.850	19.897	20.694	23.038	25.133
500	22.253	23.562	24.871	26.180	28.798	31.416
600	26.704	28.274	29.845	31.416	34.558	37.699
700	31.154	32.987	34.819	36.652	40.317	43.982
800	35.605	37.699	39.794	41.888	46.077	50.256
900	40.055	42.412	44.768	47.124	51.836	56.549
1000	44.506	47.124	49.742	52.360	57.596	62.832

Arbres creux

Considérons un arbre creux dont le diamètre extérieur est D et le diamètre intérieur *d*.

Si nous appelons M et *m* les moments résistants de deux arbres pleins dont les diamètres seraient D et *d* et K un coefficient relatif à la résistance propre du métal nous aurons d'après les théories de la résistance des matériaux :

$$D^3 = KM \text{ et } d^3 \, Km$$

DES COURROIES EN MÈTRES, PAR SECONDE,
NOMBRE DE TOURS PAR MINUTE.

Diamètres des poulies

1.300	1.400	1.500	1.600	1.700	1.800	1.900	2.000
0.068	0.073	0.078	0.084	0.089	0.094	0.099	0.105
0.138	0.147	0.157	0.167	0.178	0.188	0.199	0.209
0.204	0.220	0.236	0.251	0.267	0.283	0.298	0.314
0.272	0.293	0.314	0.335	0.356	0.377	0.398	0.419
0.340	0.366	0.393	0.419	0.445	0.471	0.497	0.524
0.408	0.440	0.471	0.503	0.534	0.565	0.597	0.628
0.476	0.513	0.550	0.586	0.623	0.660	0.696	0.733
0.544	0.586	0.628	0.670	0.712	0.754	0.796	0.838
0.613	0.660	0.707	0.754	0.801	0.848	0.895	0.942
0.681	0.733	0.785	0.838	0.890	0.942	0.995	1.047
1.381	1.466	1.571	1.675	1.780	1.885	1.990	2.094
2.042	2.199	2.356	2.513	2.670	2.827	2.985	3.142
2.723	2.932	3.142	3.351	3.560	3.790	3.979	4.189
3.403	3.665	3.927	4.189	4.451	4.712	4.974	5.236
4.084	4.398	4.712	5.026	5.341	5.655	5.969	6.283
4.765	5.131	5.498	5.864	6.231	6.597	6.964	7.330
5.445	5.864	6.283	6.702	7.121	7.540	7.959	8.378
6.126	6.597	7.069	7.540	8.011	8.482	8.954	9.425
6.807	7.330	7.854	8.378	8.901	9.424	9.948	10.472
13.814	14.661	15.708	16.755	17.802	18.850	19.896	20.944
20.420	21.991	23.562	25.133	26.703	28.274	29.846	31.416
27.227	29.322	31.416	33.510	35.605	37.900	39.794	41.388
34.034	36.652	39.270	41.889	44.506	47.124	49.742	52.360
40.841	43.982	47.124	50.266	53.407	56.548	59.690	62.832
47.648	51.313	54.978	58.643	63.308	65.974	69.638	73.304
54.454	58.643	62.832	67.201	71.210	75.398	79.588	83.776
61.261	65.974	70.586	75.399	80.111	84.824	89.536	94.248
68.068	73.304	78.540	83.776	89.012	94.248	99.484	104.720

or, le moment résistant de l'arbre creux est égal à la différence des moments de ces deux arbres pleins, et :

$$D^3 - d^3 = K\,(M - m)$$

Pour utiliser cette équation il faut nous fixer le rapport entre D et *d*, rapport qui peut être quelconque si l'on conçoit un arbre creux à parois épaisses ou à parois minces.

Le coefficient K est d'après M. Armengaud : 0,196 pour le chêne ; 0,039 pour la fonte ; 0,013 pour le fer ; 0,010 pour l'acier.

Exemple. - Supposons une roue hydraulique de 6 mètres de diamètre, soit R 300, supportant un effort tangentiel P de 7,500 kilogrammes et fixons le rapport d / D = 0,50 c'est-à-dire que le diamètre extérieur de l'arbre creux sera double de son diamètre intérieur. Nous aurons pour le moment résistant :

$$M - m = PR = 7{,}500 \times 300$$

et $D^3 - (D / 0{,}50)^3 = KPR$
d'où $D^3 = KPR / (1 - 0{,}50)^3$

Si K = 0,013 nous aurons :

$$D = \sqrt[3]{\frac{0{,}013 \times 7.500 \times 300}{1 - 0{,}5^3}} = 32 \text{ cm. } 2$$

Le diamètre intérieur sera de 16,1 cm. Nous pouvons, d'autre part, nous servir du tableau indiquant le diamètre des arbres en fer et en acier (page 27) pour déterminer les diamètres d'un arbre creux, en le considérant comme formé de deux arbres concentriques, l'un plein et l'autre creux : par exemple, supposons que nous voulons faire un arbre creux en acier capable de transmettre 50 chevaux à 100 tours par minute et ayant 95 mm de diamètre.

Dans le tableau, nous voyons que l'arbre de 95 peut transmettre 100 chevaux à 100 tours.

En retranchant un arbre plein capable de transmettre 50 chevaux ayant, par conséquent, 75 mm de diamètre, nous aurons, pour transmettre 50 chevaux à 100 tours par minute un arbre creux de 95 extérieur et 75 intérieur, soit une épaisseur de 10 millimètres. Un arbre plein aurait 75 mm de diamètre, sa section serait 441 mm², son poids 35,28 kg le mètre. Notre arbre creux aura pour section :

$$\left.\begin{array}{l}\text{Section de } 95 = 708 \\ \text{moins section de } 75 = 441\end{array}\right\} 267 \text{ mm}^2$$

son poids sera 21,36 kg.

L'économie de poids serait ici de 14 kilos environ par mètre courant.

L'emploi des arbres creux est intéressant quand on veut faire une transmission de grande longueur et légère, mais il est difficile d'y faire des clavetages qui affaiblissent trop le métal ; on doit donc prévoir des manchons et poulies entraînant par serrage ou clavettes peu encastrées.

Poids des arbres pleins en acier

DIAMÈTRES en millimètres	POIDS au mètre en kilog.	DIAMÈTRES en millimètres	POIDS au mètre en kilog.	DIAMÈTRES en millimètres	POIDS au mètre en kilog.	DIAMÈTRES en millimètres	POIDS au mètre en kilog.
6	0.220	16	1.560	30	5.500	80	39 210
7	0.299	17	1.750	35	7.500	85	44.200
8	0.391	18	1.960	40	10.000	90	49.400
9	0.495	19	2.200	45	12.400	95	55.100
10	0.611	20	2.450	50	15.500	100	61.110
11	0.739	21	2.700	55	18.600	110	73.940
12	0.880	22	2.950	60	22.400	120	88.000
13	1.040	23	3.250	65	26.250	130	103.300
14	1.200	24	3.500	70	30.400	140	119.800
15	1.370	25	3.820	75	35.000	150	137.500

Dimensions des embases ou épaulements sur les arbres de transmission

Diamètre de l'arbre...	30	35	40	45	50	55	60	65	70
Diamètre de l'embase.	42	48	54	60	66	72	78	84	90
Largeur de l'embase..	5	6	6	7	8	9	9	10	11
Diamètre de l'arbre...		75	80	85	90	95	100	110	120
Diamètre de l'embase..		96	102	108	114	120	126	138	150
Largeur de l'embase..		12	12	14	14	15	16	18	20

Bagues

Souvent, on se borne à limiter le jeu latéral des arbres de transmission au moyen de bagues en fonte ou en acier fixées sur l'arbre par des vis pointeau.

Les figures 4 à 8 (p. 16) montrent les modèles de ces bagues que l'on trouve toutes faites dans le commerce ; celle figure 4 se place dans l'intérieur du palier, de façon à former butée contre le coussinet et à remplacer les embases figure 3.

Le serrage des vis maintenant ces bagues est précaire et, pour un travail sérieux, il est préférable de poser une embase sous forme de frette à chaud.

Les bagues figures 5, 6 et 8 (p. 16) servent généralement pour maintenir en place les poulies folles.

Voici, environ, les dimensions des bagues amovibles :

Bagues étroites en acier se fixant à l'intérieur des paliers, dites Bagues larmiers. (Fig. 4.)

Alésage	Diamètre	Épais^r
mm.	mm.	mm.
25	35	6
30	40	6
35	45	6
40	52	8
45	58	8
50	63	8
55	70	10
60	75	10
65	82	10
70	90	12
75	95	12
80	100	12
85	110	14
90	115	14
95	120	14
100	125	14
105	130	14
110	138	16
115	143	16
120	148	16

Bagues d'arrêt en deux pièces. (Fig. 8.)

Alésage	Diamètre	Épais^r
mm.	mm.	mm.
25	60	25
30	70	30
35	75	30
40	85	30
45	90	35
50	100	35
55	110	35
60	115	40
65	120	40
70	135	40
75	140	45
80	145	45
85	150	45
90	155	45
95	160	45
100	165	50
105	170	50
110	190	50
115	195	50
120	200	50

Bagues à bourrelet pour poulies fixes et folles et butées de paliers. (Fig. 5.)

Alésage	Diamètre du bourrelet cylindrique	Épais^r totale
mm.	mm.	mm.
25	37	22
30	44	25
35	48	27
40	54	28
45	60	30
50	66	35
55	76	40
60	82	47

Bagues cylindriques pour butées et poulies fixes et folles. (Fig. 6.)

Alésage	Diamètre	Épais^r
mm.	mm.	mm.
25	45	20
30	55	25
35	65	28
40	72	30
45	80	33
50	90	36
55	100	40
60	110	42
65	120	45
70	125	48
75	135	50
80	150	50
85	160	53
90	170	55
95	175	55
100	180	60

Lorsque l'effort longitudinal supporté par l'arbre est important, la bague simple et même l'embase fixe sont insuffisantes et il faut mettre un palier de butée à rainures ou à pivot dont nous parlerons au chapitre des paliers.

CHAPITRE III

CLAVETTES, CLEFS ET GOUPILLES

Pour fixer une roue, une poulie ou un manchon sur un arbre moteur ou de transmission, on emploie divers procédés selon que l'effort d'entraînement est continu ou discontinu, progressif ou par à-coups brusques.

Les ***poulies en deux pièces*** entraînent l'arbre par simple serrage, c'est-à-dire par frottement si l'effort tangentiel multiplié par le rayon de la roue est moindre que le coefficient de frottement multiplié par la pression du moyeu de la poulie sur l'arbre. On peut augmenter la valeur de ce coefficient de frottement en interposant un morceau de toile d'émeri entre l'alésage du moyeu et l'arbre de transmission.

Les ***clavettes*** sont, à proprement parler, des organes qui réalisent l'entraînement d'une pièce de machine par une autre en créant entre elles un frottement ; la clavette (fig. 11) creusée en dessous à la forme de l'arbre, qui est représentée mise en place figure 17-2, agit ainsi en forçant l'arbre contre l'alésage de la poulie ; mais cette force de serrage tend à faire

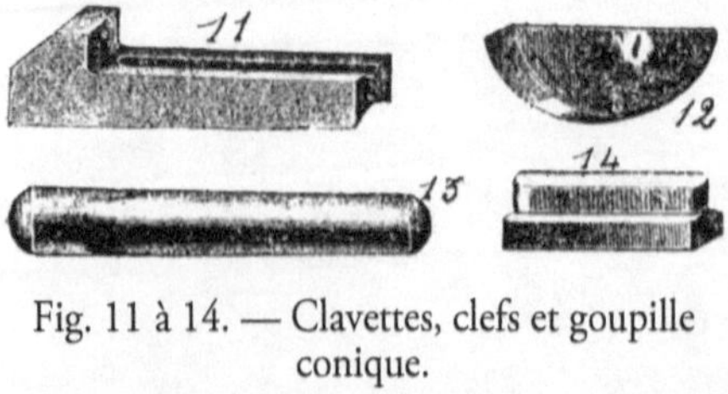

Fig. 11 à 14. — Clavettes, clefs et goupille conique.

éclater le moyeu et ne peut convenir qu'à de faibles efforts de transmission ; l'emploi de ces clavettes creuses est surtout intéressant avec les arbres en acier comprimé car elles ne nécessitent aucun encastrement dans le métal de l'arbre, ce qui ne détruit pas son écrouissage superficiel.

Les clavettes serrant, sur un plat (fig. 17-1), sont employées pour la mécanique ordinaire quand on veut faire un montage à bon marché ; elles ne nécessitent en effet qu'un ajustage très sommaire, car elles agissent par coincement, un peu comme celles ci-dessous ; le plat sur l'arbre donne un entraînement certain même pour des efforts brusques et puissants. Les clefs sont des clavettes encastrées dans l'arbre et dans le moyeu de la roue ; on leur donne cependant le nom de clavettes quoiqu'elles n'agissent pas de même que ces dernières.

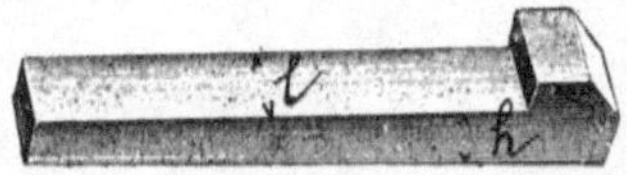

15

16

Fig. 15 et 16. — Clefs.

En effet, ces clefs ou clavettes encastrées travaillent au cisaillement sur toute leur longueur ; lorsqu'elles sont bien ajustées, qu'elles portent partout sur toute la longueur des rainures de l'arbre et du moyeu, il suffit d'un léger serrage pour que l'entraînement se fasse sans jeu. Mais cet ajustage parfait étant difficile à réaliser, on chasse la clavette-clef à coups de matoir ou de massette en cuivre pour la faire coincer dans son logement.

Pour les arbres jusqu'à 50 mm de diamètre on met une seule clavette (fig. 17-3) ; de 60 à 120 mm de diamètre, on met une ou deux clavettes (fig. 17-4) à 90 degrés l'une de l'autre ; au-dessus de 130 mm de diamètre, on met deux ou trois clavettes (fig. 17-5) à 120 degrés l'une de l'autre.

Les proportions des clavettes et clefs (fig. 15, 16 et 17-1 à 5), est généralement :

largeur $l = d / 4$; épaisseur $h = d / 6$

d étant le diamètre de l'arbre.

Quand on met deux ou trois clavettes, on peut les prendre un peu plus faibles et adopter :

$$l = d / 5 \text{ ou } d / 6 ; \quad h = d / 7 \text{ à } d / 9$$

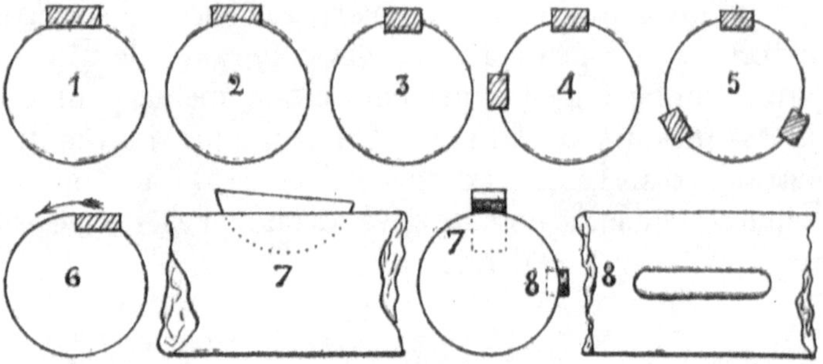

Fig. 17. — Clefs.

Les ***clavettes tangentielles*** (fig. 17-6) sont employées quand la rotation se fait toujours dans le même sens ; l'usinage de la rainure est facile au burin et à la lime ; on prend $l = d / 3$, $h = d / 8$

Les ***prisonniers*** ou ***clavettes noyées*** ou ***clés noyées*** sont encastrées dans le corps de l'arbre comme le montre la figure 17-8 ; on emploie souvent ces clefs pour guider et entraîner un moyeu coulissant ; en ce cas on fixe la clavette sur l'arbre au moyen de quelques vis à têtes affleurées (figure 20) ; on leur donne les mêmes proportions qu'aux clavettes ci-dessus.

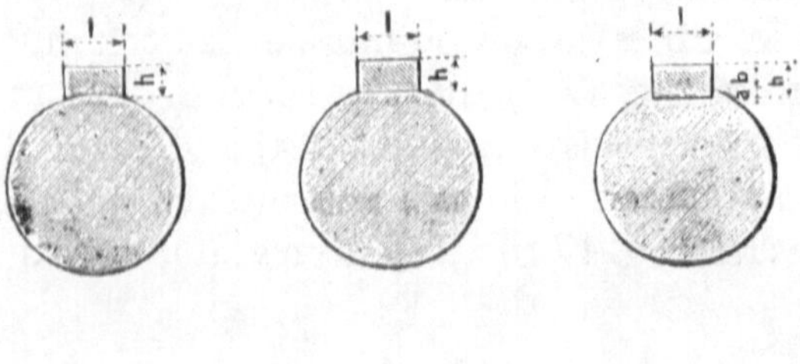

Dimensions des clavetages

Diamètre des arbres m/m	30/39	40/49	50/59	60/69
Largeur l.... m/m	12	14	16	18
Épaisseur h... —	6	8	9	10
Hauteur a.... —	2	3	3	3
b.... —	4	5	6	7
Diamètre des arbres m/m	**70/79**	**80/89**	**90/99**	**100/109**
Largeur l.... m/m	20	22	25	28
Épaisseur h... —	11	13	15	15
Hauteur a.... —	4	5	7	7
b... —	7	8	8	8
Diamètre des arbres m/m	**110/119**	**120/139**	**135/149**	**150/175**
Largeur l.... m/m	30	35	40	45
Épaisseur h... —	16	18	20	22
Hauteur a.... —	6	7	8	9
b... —	10	11	12	13

Pour la transmission des grands efforts, on emploiera deux clavettes à 90° et même trois à 120°.

La conicité de ces clavettes est de un pour cent sur toutes dimensions. L'encastrement dans l'arbre a généralement la même profondeur que l'encastrement dans le moyeu. La figure 14 montre une clé noyée avec embase renforçant son encastrement dans l'arbre.

La conicité des clavettes et clefs plates varie de 1 à 3 % sur toutes dimensions ; il ne faut pas exagérer cette conicité car elle tend à faire échapper la clavette hors de son logement. Nous donnons un tableau des dimensions des clavettes fraisées que l'on trouve dans le commerce ; il suffit de les ajuster un peu à la lime, ce qui gagne du temps.

Dimensions normales du commerce pour les clavettes en acier fraisées sur toutes faces

Larg^r	Ép^s^r	Long^r
m/m	m/m	m/m
8	5	60 80 100
	7	60 80 100
10	6	90 115 140
	8	90 115 140
12	8	100 120 145
	10	100 120 145
14	8	105 140 165 195
	10	105 140 165 195

Larg^r	Ép^s^r	Long^r
m/m	m/m	m/m
16	10	110 145 180 210
	12	110 145 180 210
18	10	120 160 200 230
	13	120 160 200 230
20	11	130 170 200 240
	14	130 170 200 240
22	13	155 185 225 255

Larg^r	Ép^s^r	Long^r
m/m	m/m	m/m
22	16	155 185 225 255
25	15	170 205 240 280
	20	170 205 240 280
28	15	190 230 270 310
	20	190 230 270 310
30	16	215 255 295 335
	22	215 255 295 335

La ***clavette Woodruff***, représentée figure 12 et 17-7, se compose d'une portion de galet d'acier, en forme de segment de cercle, encastrée dans une rainure faite au bédane ou avec une fraise plate.

Ce système de clavetage est solide et exige peu d'usinage mais il affaiblit l'arbre qui est ainsi creusé profondément ; l'épaisseur de ces clavettes est de 1/8 à 1/12 du diamètre de l'arbre et la flèche du segment de cercle qui les constitue est de 1/4 à 1/3 du diamètre de l'arbre.

Clefs-clavettes sans tête (fig. 16)

Larg^r	Éps^r	Long^r	Larg^r	Éps^r	Long^r	Larg^r	Éps^r	Long^r
m/m	m/m	m/m	m/m	m/m	m/m	m/m	m/m	m/m
8	5	50 70 90	12	8	85 105 130	16	9	155 185
	7	50 70 90		10	85 105 130		12	90 120 155 185
10	6	75 100 125	14	8	90 120 145	18	10	100 130 165 200
	8	75 100 125		10	90 120 145		13	100 130 165 200
			16	9	90 120			

Le ***clavetage sur cône***, représenté figure 18-1, est très employé dans la construction automobile et dans la petite mécanique ; pour démontages fréquents, on fait ce cône au 1/5, c'est-à-dire à 20 d'augmentation sur le diamètre pour 100 de longueur ; ce cône ne peut pas entraîner par coincement, on y met une clé noyée et un serrage par écrou (fig. 18-1), mais il se démonte très facilement.

Le ***cône d'adhérence*** est au 1/10, soit 1 centimètre d'augmentation de diamètre sur 0,10 m de longueur ; il est plus difficile à démonter que le précédent, mais il donne une très bonne adhérence ; on y met une clé noyée et on l'emploie pour le montage des volants de moteurs, des pignons d'engrenages et de chaînes, etc.

Le ***cône de coincement*** est au 1/20, soit 5 mm d'augmentation de diamètre sur 0,10 m de longueur. Avec un serrage par écrou, ce cône entraîne bien sans clavetage, mais le moyeu est comme grippé sur lui et le démontage est très difficile.

Dans ces montages, le cône circulaire est quelquefois remplacé par un tronc de pyramide quadrangulaire : c'est la fixation sur ***carré conique***, dans laquelle il est à peu près impossible d'obtenir un centrage parfait ; de plus, ce mode de montage est plus coûteux que celui sur cône et clavette ; on doit donc l'éviter à moins d'avoir à répondre à des efforts alternatifs très pénibles.

Pour les travaux à bon marché ainsi que pour la petite mécanique, on emploie certains moyens simples de fixation des moyeux sur les arbres :

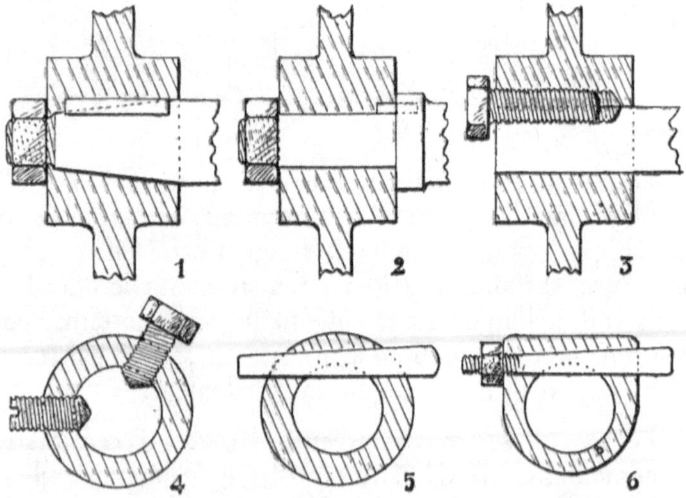

Fig. 18. — Clavetages et goupillages.

Fig. 18-2. — Par ***ergot et écrou*** ; nous avons déjà parlé de l'ergotage dans notre volume I à propos des boulons ; l'ergot doit être posé dans l'embase, comme le montre notre dessin, et non selon le rayon du corps de l'axe, ce qui l'affaiblirait dangereusement.

Fig. 18-3. — Par ***une vis entre cuir et chair***, c'est- à-dire taraudée entre l'axe et le moyeu ; ce procédé économique est employé pour fixer les petites poulies des moteurs électriques.

Fig. 18-4. — Par ***une ou plusieurs vis pointeaux***, procédé très précaire ; il faut deux vis ayant des têtes carrées ou 6 pans permettant de les serrer énergiquement dans les fraisages faits dans l'arbre pour que l'assemblage présente une certaine solidité.

Fig. 18-5. — ***Goupille conique*** (fig. 13) placée tangentiellement à l'arbre ; bon procédé économique et durable pour petites poulies et petits engrenages.

Fig. 18-6. — ***Goupille conique avec écrou*** ; bon montage donnant un coincement énergique et solide ; c'est celui des pédales de bicyclettes et des manivelles de nombreuses machines ; le diamètre moyen de la goupille est d'environ un tiers du diamètre de l'arbre.

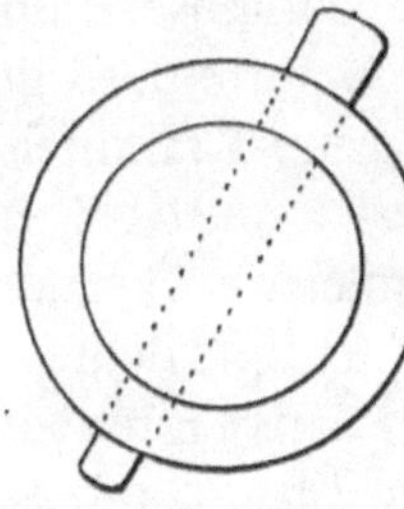

Fig. 19. – Fixation par goupille.

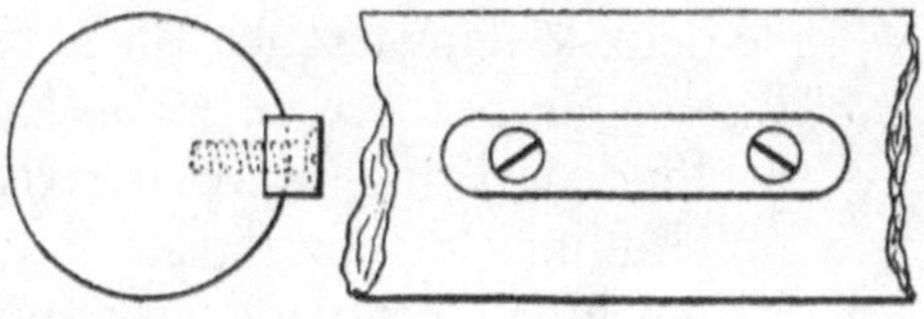

Fig. 20. — Clavette-prisonnière.

Fig. 19. — Simple ***goupille conique*** passée selon le diamètre de l'arbre ; ce système a l'inconvénient de diminuer considérablement la résistance de l'arbre ; la goupille travaillant au cisaillement dans les conditions les plus défavorables se brise souvent au ras de l'arbre ; le diamètre moyen de cette goupille ne doit pas excéder un quart du diamètre de l'arbre qu'elle traverse en son centre.

Usinage des rainures de clavettes.

Fait à la main, c'est un travail d'ajustage assez délicat, demandant une grande précision, car un clavetage n'est solide que si la clavette porte partout en largeur et en épaisseur. Il faut tracer l'arbre en le posant sur le marbre sur deux V à tracer et marquer les deux génératrices qui déterminent la largeur du clavetage, au moyen d'un trusquin. Pour la poulie, on trace au trusquin l'entrée et la sortie de la clavette et on marque les traits, dans le moyeu alésé, avec une réglette et une pointe à tracer recourbée. La rainure est enlevée au bédane et on y perce des trous borgnes pour activer le travail. On ajuste la clavette exactement avec du rouge délayé dans l'eau, à la lime douce et au grattoir. Pour faire facilement et rapidement les rainures de clavettes, il existe deux sortes de machines :

- La machine à fraiser la rainure dans l'arbre de couche, représentée figure 21, se compose d'un bâti dans lequel coulisse un chariot porte-outil et de deux V dans lesquels on serre l'arbre à rainurer. L'arbre porte-fraise se meut à bras ; on règle sa profondeur d'attaque avec une vis moletée et l'avance longitudinale du chariot se fait automatiquement.
- La machine à mortaiser les rainures dans l'intérieur des moyeux alésés, représentée figure 22, se compose d'un porte-outil coulissant à la façon du porte-outil d'un étau-limeur et d'un plateau fixe sur lequel on monte les poulies, même de grand diamètre, au moyen de boulons et de brides, comme sur un plateau de tour.

  L'avance verticale de l'outil se fait par l'action d'un coin commandé par une vis moletée que l'on voit à l'arrière du chariot. L'outil doit avoir la largeur de la rainure que l'on veut faire.

On peut évidemment faire les rainures d'arbres sur une machine à fraiser ou sur un tour parallèle, en se servant du traînard comme machine à raboter ; les rainures dans les alésages se font avec la mortaiseuse ou sur un tour avec le déplacement à la main du traînard et un outil en bout. Il faut procéder par très petites passes quand on emploie ainsi le chariot traînard d'un tour, car la crémaillère fatigue beaucoup à faire ce travail.

Fig. 21 et 22. — Machines à faire les rainures de clavettes.

Déclavetage.

Quand on met une clavette en place, il faut avoir soin de l'enduire complètement d'huile minérale ou de vaseline avant de la forcer dans sa rainure à coups de marteau, sinon il serait impossible de la retirer si jamais cela était nécessaire. Nous nous rappelons avoir eu les plus grandes difficultés pour déclaveter des volants de moteurs à gaz dont certainement les clavettes n'avaient pas été huilées au moment du montage.

Pour déclaveter une clavette à talon, faites un tire-clavettes représenté en *t* (fig. 23) ; cet outil doit être fait avec de l'acier très résistant carré de 20 x 20 mm ; tout en agissant avec lui sur le talon de la clavette, comme le montre notre croquis, frappez de droite et de gauche, avec un petit marteau, sur la clavette, pour l'ébranler et faciliter son glissement.

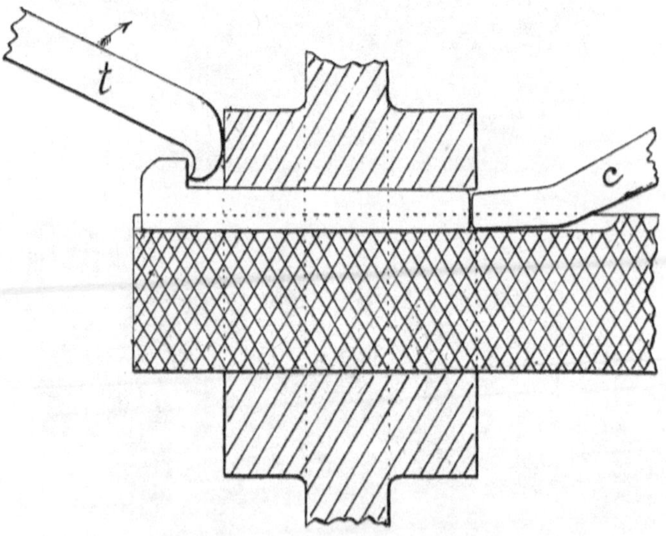

Fig. 23. — Outils pour déclaveter.

Si la clavette n'a pas de talon ou si elle tient très fort, on est obligé de la chasser par derrière avec un fort outil *c* en forme de matoir recourbé. Cet outil chasse-clavette doit être fait en acier très dur, aussi gros que possible, c'est-à-dire pour qu'il puisse entrer dans la rainure de la poulie et on frappe dessus avec une lourde masse ou un marteau à frapper devant. On peut faire ce chasse-clavette avec de l'acier rond ou carré de 20 x 20 ou 25 x 25 dont on étire le bout à la forge ; si l'on ne peut pas atteindre la clavette avec le bec de l'outil *c*, on met entre les deux une cale formée d'un bout d'acier très dur qui puisse bien entrer dans la rainure de la poulie.

Calage des clavettes.

Quand une clavette est trop faible on met sous elle, dans la rainure de l'arbre, une cale en tôle d'acier mince en ayant soin que cette cale porte sous toute la longueur de la clavette.

Une clavette doit toujours avoir au moins la longueur du moyeu dans lequel elle est posée, de façon que la rainure du moyeu travaille sur toute sa longueur sur ladite clavette.

CHAPITRE IV

PALIERS ET COUSSINETS

Les paliers diffèrent par leur mode de graissage et par leur portée. Un bon système de graissage doit assurer la circulation de l'huile entre l'arbre et le coussinet ; c'est le cas du graissage par bagues.

Il résulte des expériences faites sur le frottement des arbres, que la charge par centimètre carré de surface de pression verticale à faire supporter par un palier dépend de la vitesse circonférentielle de l'arbre.

La surface de pression verticale d'un palier est le produit de son alésage par la longueur du coussinet, c'est-à-dire du diamètre de l'arbre par sa portée.

Ainsi un palier de 60 mm à portée double a une surface de pression verticale de $6 \times 12 = 72$ cm^2.

La charge à faire supporter pratiquement par cm^2 est de :

- 14 kilos pour une vitesse circonférentielle de l'arbre de 0,50 m par seconde.
- 8 kilos pour une vitesse circonférentielle de l'arbre de 0,76 m par seconde.
- 6 kilos pour une vitesse circonférentielle de l'arbre de 1,30 m par seconde.

Par conséquent un palier de 60 mm à portée double pourrait supporter une charge de 72 x 14 = 1 008 kilos en tournant à 159 tours (60 x 0,50 = 30 et 30 / 0,1884 = 159), il ne pourra plus supporter que 72 x 8 = 576 kilos en tournant à 242 tours (60 x 0,76 = 45,6 et 45,6 / 0,1884 = 242) et 72 x 6 = 432 kilos en tournant à 414 tours (60 x 1,30 = 78 et 78 / 0,1884 = 414).

Une charge trop grande par centimètre carré empêche l'huile d'arriver convenablement sur les surfaces de frottement, et provoque l'échauffement puis le grippage.

Pour les transmissions de 60 mm de diamètre et au-dessous, tournant à moins de 150 tours par minute, ainsi que pour celles de 70 à 100 mm tournant à moins de 100 tours, on emploie les paliers à portée 1 fois 1/4 et 1 fois 1/2.

Toutefois, si sur un ou plusieurs tronçons de la transmission il se trouvait des surcharges, il est recommandable de supporter ces tronçons par des paliers à portée plus grande, soit à portée double ou 2 fois 1/2.

Pour les transmissions de 60 mm de diamètre et au-dessous, tournant à plus de 150 tours ainsi que pour celles de 70 et au-dessus, tournant à plus de 100 tours, il faut employer des paliers à portée double tout en prenant, s'il le faut, des paliers à portée 2 fois 1/2 ou triple pour les tronçons surchargés.

Il ne faut jamais, sous prétexte d'économie, monter une transmission avec des paliers ayant des portées trop faibles. Le léger supplément de dépense occasionné par l'emploi de paliers avec des portées suffisantes se trouve largement compensé par la diminution des frais d'entretien, qui sont pour ainsi dire nuls, et par la sécurité du bon fonctionnement.

Lors du montage des paliers d'une ligne d'arbres il faut :

- Que les paliers soient bien en ligne droite ;
- Que chaque palier ait son coussinet absolument de niveau.

Ceci fait, on place les arbres sur les paliers et on doit pouvoir les faire tourner à la main. Lorsqu'on emploie des paliers à rotule, la deuxième condition ci-dessus n'est pas absolument essentielle mais il faut la remplir autant que possible.

De l'application d'un type de palier, de son mode de graissage et de la surface de portée de l'arbre, dépendent le rendement et la régularité de marche d'une transmission.

Les indications suivantes pourront servir de guide ; les portées sont indiquées en fonction du diamètre de l'arbre.

Paliers a graissage par bagues

Transmissions courantes, paliers peu chargés.

Vitesse 100 à 200 tm .... portée 1 ½

Vitesse 100 à 300 tm .... — 2

Transmissions longues, grands écartements de paliers, charges moyennes.

Vitesse 100 à 300 tm .... portée 2

Vitesse 100 à 500 tm .... — 3

Paliers chargés, placés près des poulies d'attaque.

Vitesse 200 à 300 tm .... portée 2

Vitesse 300 à 500 tm .... — 3

Paliers pour bâtis de machines, renvois à faible vitesse.

Graissage à mèche ou godet graisseur .... 1 ½

Paliers très chargés, faible vitesse.

Coussinets garnis d'antifriction ....portée 1 ½

Paliers exposés aux poussières, ou à une température élevée ou très humide.

Graissage à la graisse à haut point de fusion................................. portée 2

Transmissions à grandes vitesses : paliers à billes.

Transmissions longues peu chargées, toutes vitesses :

Paliers à rotule ou à billes.

Nous donnons ci-après une nomenclature descriptive des principaux types de paliers de transmission ; la science des constructeurs s'est attachée à perfectionner le graissage de façon à diminuer le coefficient de frottement.

Pour les arbres auxiliaires, les petits renvois qui ne tournent que rarement, les tiges de commande de mouvement dans les machines outils, on emploie les ***supports à plaque*** (fig. 24) ou les ***supports à patin*** (fig. 25) qui sont alésés dans leur masse à la grosseur de l'arbre. Ces supports se graissent par un stauffer ou un graisseur en verre, figure 25. On les fait d'une seule pièce (fig. 25), ou avec chapeau rapporté par deux vis (fig. 24) ce qui permet l'ajustage des portées.

24 25

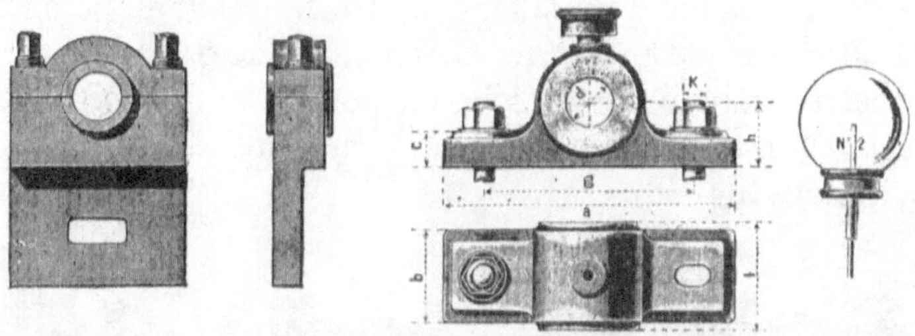

Fig. 24 et 25. — Supports à plaque et à patin.

Les anciens ***paliers à mèche*** et à ***godet graisseur*** ne sont plus guère employés maintenant ; nous les avons cependant représentés figures 26 et 27.

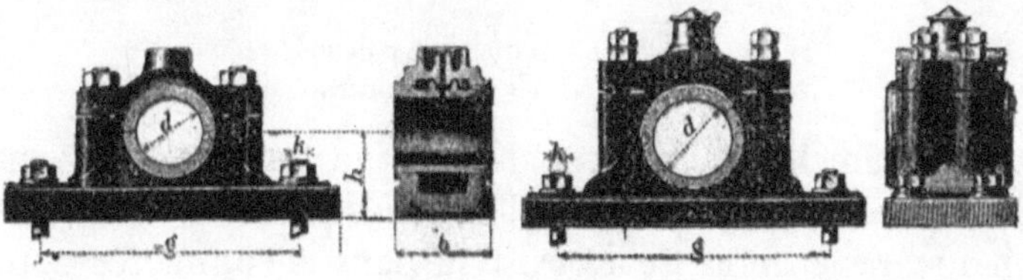

26 27

Fig. 26 et 27. — Paliers à mèche.

Le graissage se fait par une mèche de coton, raidie par un petit fil de laiton, passée dans le trou central du godet à huile ; l'huile monte dans le coton, par capillarité, puis descend jusque sur l'arbre ; ce système consomme beaucoup d'huile et graisse irrégulièrement car il dépend de la hauteur du niveau de l'huile.

Quelquefois on met sur le modèle figure 26 un graisseur en verre ou un compte-gouttes qu'il faut avoir soin de fermer à l'arrêt de la machine ; ces paliers, à cause de cette surveillance du graissage, ne valent rien pour les transmissions d'atelier ; on ne les emploie plus que pour les machines à marche lente dont le travail est surveillé.

Pour les très fortes machines, on met 4 boulons pour la fixation du chapeau ; le coussinet, de forme octogonale repose entièrement sur la fonte du palier, ce qui lui permet de supporter de très fortes charges sans déformation ; le palier est raboté par dessous et, pour la commodité du réglage, on le pose sur une semelle en fonte rabotée dessus et dessous (fig. 28).

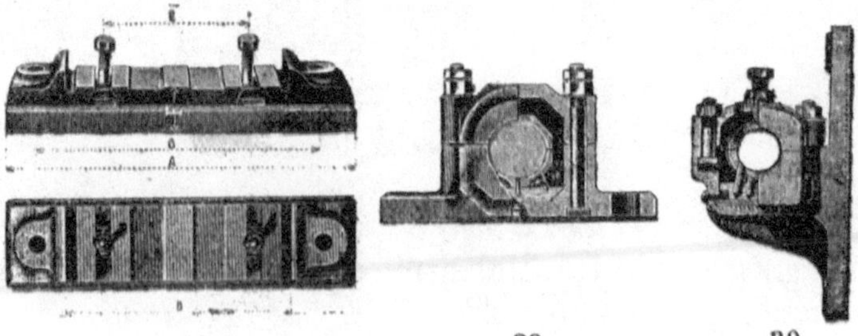

28 29 30

Fig. 28. — Semelle de palier.
Fig. 29 et 30. — Paliers à rotins.

Ces semelles sont nécessaires quand les paliers doivent être posés directement sur la maçonnerie ou sur des charpentes en bois ; elles existent dans le commerce pour recevoir tous les modèles de paliers de machines ou de transmissions.

Les ***paliers à rotins*** ou ***à mèche métallique*** ont eu leur moment de succès il y a une trentaine d'années ; l'huile contenue dans le fond du palier (fig. 29 et 30) monte par capillarité dans les bouts de jonc ou de rotin enfilés dans des trous percés dans la coquille inférieure du coussinet ; certains constructeurs remplaçaient ces tiges de jonc par des mèches formées de toiles métalliques enroulées ou d'autres substances plus ou moins poreuses. Ce système de graissage consommait très peu d'huile, mais la lubrification était insuffisante pour les vitesses dépassant 150 tours par minute, surtout si les arbres étaient un peu chargés ; le rotin perdait peu à peu sa porosité, il se carbonisait par l'échauffement du palier. Grippage fréquent.

Le ***palier graisseur à bague*** a remplacé avantageusement tous les anciens systèmes ; la figure 31 montre les détails de construction de ce palier dans lequel le coussinet est entouré par une bague qui, entraînée par la rotation de l'arbre sur lequel elle repose (fig. 31-3), remonte constamment l'huile sur le dessus de l'arbre. Ces paliers se construisent à portée d'une fois et demi et deux fois le diamètre de l'arbre, avec une seule bague de graissage (fig. 31-4) ; à portée de trois et quatre fois le diamètre de l'arbre avec deux bagues de graissage (fig. 31-5).

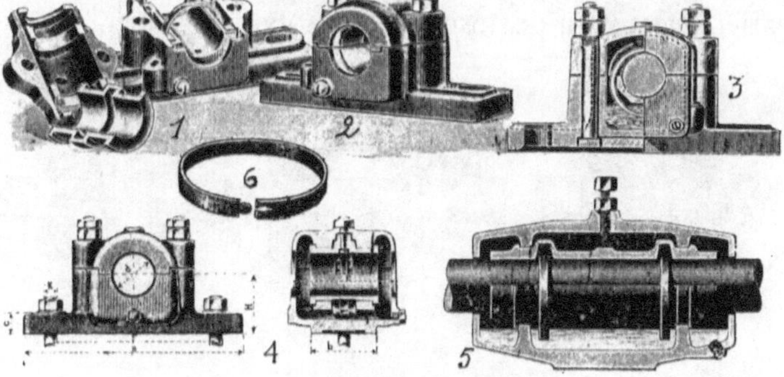

Fig. 31. Paliers à graissage par bague.

La bague de graissage est généralement ***ouvrante à charnière*** (fig. 31-6), ce qui permet de ne la mettre en place que lorsque le palier et le coussinet sont réglés et l'arbre posé définitivement.

Pour les arbres premiers moteurs, les arbres d'attaque et les arbres de couche de machines, on construit les paliers à bague comme figure 32, le coussinet étant bien supporté ; le chapeau à emboîtement, fixé par 2 ou 4 boulons, selon la longueur du coussinet.

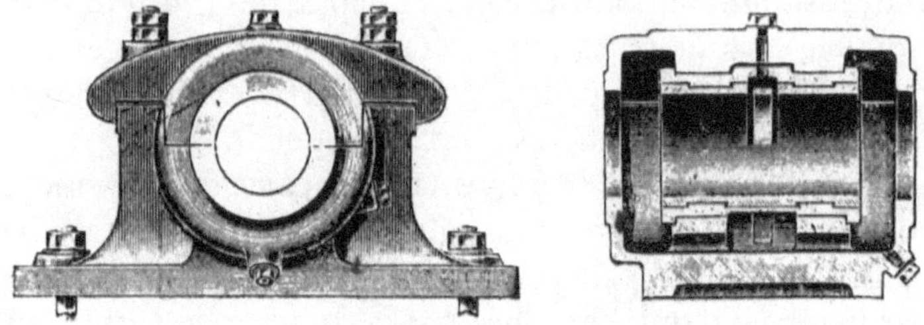

Fig. 32. — Gros palier à graissage par bague.

Paliers à rotule.

Pour le montage des longues transmissions et toutes les fois que les assises des paliers ne sont pas rigoureusement rigides, par exemple sur charpentes bois ou fer, ou sur machines sujettes à trépidations, on emploie les ***paliers à rotule*** (fig. 33, 34 et 35), dans lesquels le coussinet peut varier légèrement de position par rapport au palier.

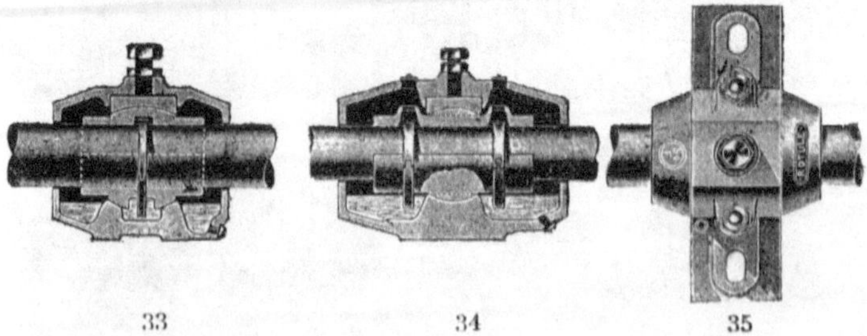

33 34 35

Fig. 33, 34 et 35. — Paliers à rotule.

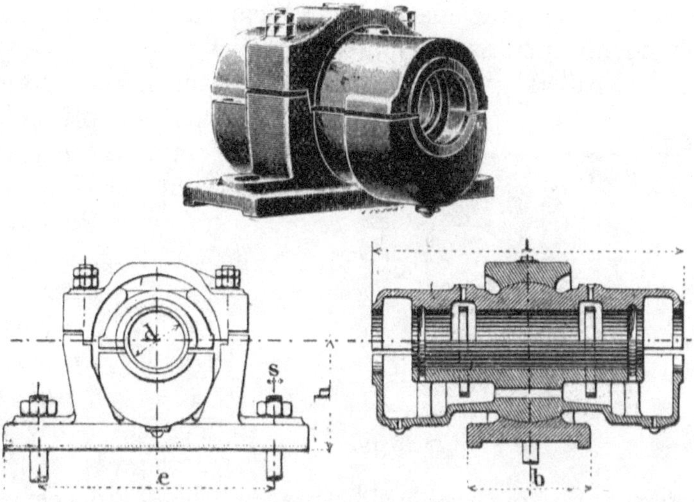

Fig. 36. — Palier long, à rotule.

La figure 36 montre un modèle de palier avec coussinet à rotule qui se fait avec une portée ayant jusqu'à quatre fois le diamètre de l'arbre, pour des machines fatiguant beaucoup : transmissions à grande vitesse, machines à bois, arbres très chargés, etc. ; dans ce palier, le déplacement du coussinet peut être assez important et il présente une grande rigidité due à sa forme creuse.

Certains constructeurs remplacent la bague de graissage par une ***chaînette Galle*** ou ***Vaucanson*** (fig. 37) qui remontent l'huile plus abondamment que ne le ferait une bague. Nous avons vu cette chaînette fonctionner parfaitement bien dans les paliers d'arbre

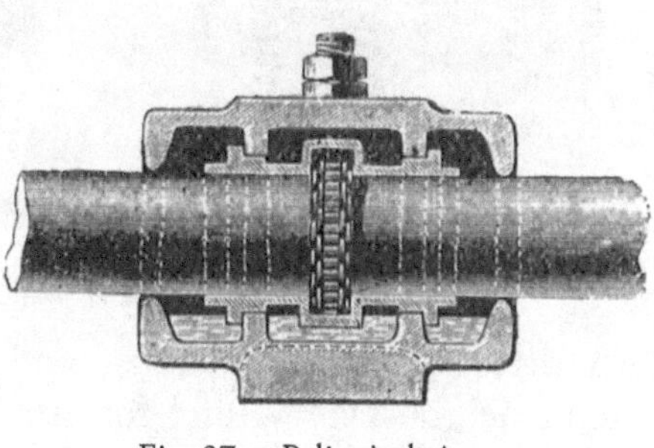

Fig. 37. – Palier à chaînette.

manivelle de fortes machines à vapeur où elle faisait une abondante circulation d'huile.

Les paliers graisseurs à bague se construisent pour fixer au plafond, comme on le voit figure 38 ; en ce cas, c'est le chapeau du palier qui forme réservoir d'huile, on a ainsi le ***palier renversé***.

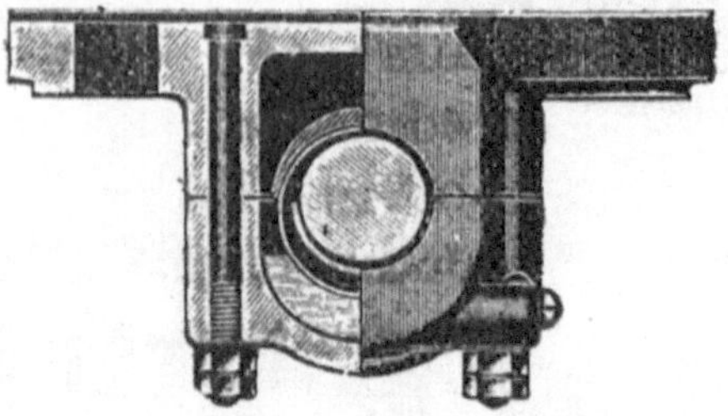

Fig. 38. — Palier renversé.

Les paliers graisseurs à bague comportent généralement un bouchon de vidange et un trou de trop-plein, comme on le voit figures 31-3 et 32.

Nous ne pouvons pas donner ici les dimensions de tous les types de paliers, elles varient un peu selon les constructeurs ; afin d'en donner cependant une idée, nous reproduisons les cotes des paliers Piat marque Lutetia, portée 1,5 à 1,6, vitesse 300 tours par minute.

Fig. 39. — Palier Wulfel.

A titre documentaire nous représentons figure 39 le système de graissage Wulfel consistant en une bague fixée sur l'arbre ; le coussinet est en deux parties et l'huile, montée très abondamment, se répand des deux côtés par de larges rainures.

Paliers à graissage Tilston.

Dans ces paliers, la circulation de l'huile entre l'arbre et le coussinet est assurée par une petite pompe à huile comportant un piston mû par une bague excentrique C calée sur l'arbre de transmission B. Cet excentrique agit sur le piston F à chaque tour d'arbre et refoule l'huile par une soupape à bille et un petit canal indiqué en pointillé sur la figure 40.

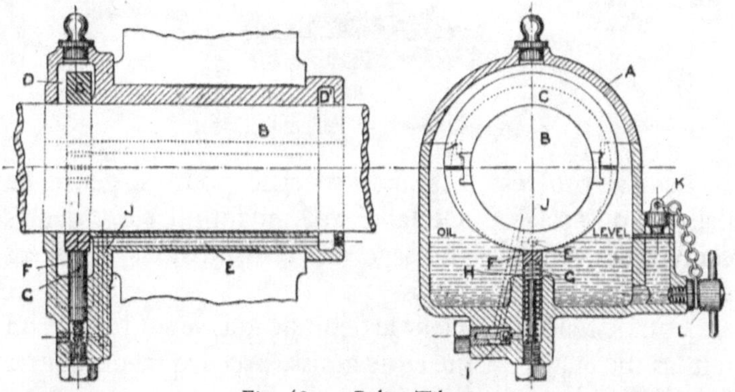

Fig. 40. — Palier Tilston.

Ce système, excellent en principe, est bien compliqué comme exécution et nous paraît sujet à des inégalités de fonctionnement, par exemple par encrassement du piston dans son canal de guidage.

Paliers à graisse consistante.

Le système de graissage dit ***Calypsol*** emploie des paliers représentés figures 41, 42 et 43 dans lesquels le coussinet supérieur est largement ajouré, tandis que le chapeau de palier forme un réservoir d'assez grande capacité que l'on remplit de graisse consistante ne fondant qu'au-dessus de

60 degrés. Il en résulte que le roulement est d'autant plus lubrifié que sa température est plus élevée ; la consommation de graisse, sur un arbre bien installé, est très faible et la provision contenue dans le chapeau du palier peut durer un an.

41 42 43

Fig. 41, 42 et 43. — Paliers Calypsol.

Le Calypsol est la graisse spéciale pour ce genre de paliers ; on en fait une qualité ne fondant qu'à 190 degrés centigrades pour le graissage des transmissions installées dans les locaux surchauffés.

Afin de rendre plus lent le débit de graisse sur l'arbre, on fait un mélange de laine et de graisse avec lequel on bourre les côtés et le fond du réservoir de chapeau de palier, en mettant la graisse fusible en dessus.

La figure 43 montre un de ces paliers à graisse pour arbres verticaux avec le réservoir à graisse sur la face latérale ; ce dispositif paraît très rationnel.

Paliers de butée.

Quand un arbre supporte une forte poussée longitudinale, ce qui est le cas, par exemple, dans les machines à percer ou aléser, dans les arbres d'hélices hydrauliques ou aériennes, la simple embase ou bague de butée (fig. 1) devient insuffisante, la pression entre les surfaces s'opposant au déplacement longitudinal de l'arbre ne devant pas dépasser, selon la nature des surfaces en contact, les chiffres que nous avons donnés pour la charge des tourillons.

Il faut alors répartir la pression sur une surface suffisante et employer les coussinets à cannelures (fig. 44) en mettant un nombre suffisant de cannelures pour recevoir la poussée aux taux de pression ci-dessus indiqués.

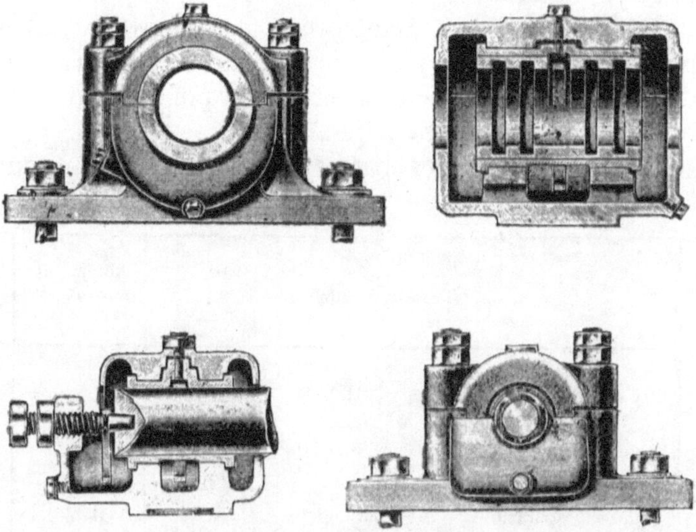

Fig. 44 et 45. — Paliers de butée.

Soit D le diamètre extérieur des cannelures, *d* le diamètre de l'arbre et *n* le nombre des cannelures ; la surface d'appui est :

$$S = [\pi(D^2 + d^2)n] / 4$$

Souvent on donne aux cannelures une section trapézoïdale, ce qui permet un plus facile rattrapage de jeu, augmente le surface de friction et donne aux bases des cannelures une plus grande résistance au cisaillement.

Pivots.

On peut aussi, pour des charges peu importantes, soutenir le bout d'arbre par un pivot (fig. 45) en le calculant selon la formule déjà donnée pour les pivots :

$$d = 0{,}0000224\ \mathrm{P}n$$

d étant le diamètre du pivot, P la charge et *n* le nombre de tours par minute.

Le ***bois de gaïac*** a été employé de tous temps avec succès pour la confection des grains de butée des arbres travaillant dans l'huile ou dans l'eau, spécialement pour les butées de turbines et d'hélices de navires.

Reuleaux indique les charges et diamètres suivants pour les pivots :

	Acier sur bronze	Fonte sur bronze	Acier sur sur gaïac dans l'eau
Pivots dormants...	$d = 1{,}31\sqrt{\mathrm{P}}$ $p = 1$	$1{,}86\sqrt{\mathrm{P}}$ 0,5	
Pivots tournants au-dessous de 150 tm.	$d = 1{,}86\sqrt{\mathrm{P}}$ $p = 0{,}5$	$2{,}62\sqrt{\mathrm{P}}$ 0,25	$1{,}31\sqrt{\mathrm{P}}$ 1
Pivots à grande vitesse............	$d = 0{,}15\sqrt{\mathrm{P}n}$ $p = 0{,}75$		$1{,}31\sqrt{\mathrm{P}}$ 1

d étant le diamètre en millimètres, P la charge totale et *p* la charge en kilogrammes par millimètre carré ; d'après les expériences de Penn, le gaïac peut supporter sous l'eau des pressions allant jusqu'à 5 kilos par millimètre carré ; le grippement n'est pas à craindre sur ce bois comme dans un frottement métal sur métal. On fait maintenant des bois imprégnés à la bakélite qui donnent des résultats supérieurs au gaïac pour cet emploi (Voir volume II : *Gommes synthétiques*).

On a fait aussi des arbres verticaux avec butée à cannelures. Pour les butées d'arbres de tours et de machines à percer on emploie souvent le roulement sur rondelles de ***fibre vulcanisée***.

Butée sur une seule bille.

La figure 46 montre l'emploi d'une bille pour former un grain de butée ; les deux surfaces concaves entre lesquelles se trouve la bille doivent avoir un rayon de courbure double du rayon de la bille, de façon qu'il n'y ait contact que par une surface très petite entre la bille et les butées qui doivent être trempées dur et revenues jaune d'or.

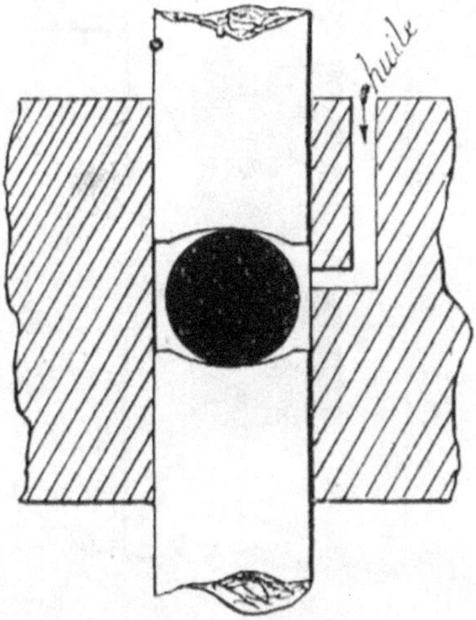

Fig. 46. — Butée sur une seule bille

Nous donnons ci-dessous un tableau de la charge possible sur une bille d'acier selon son diamètre.

CHARGES QUE PEUT SUPPORTER UNE BILLE D'ACIER

DIAMÈTRE		CHARGE	DIAMÈTRE		CHARGE	DIAMÈTRE		CHARGE	DIAMÈTRE		CHARGE
m/m	Pouces	Kgs	m/m	Pouces	Kgs	m/m	Pouces	Kgs	m/m	Pouces	Kgs
3	—	20	**7**	—	90	**11**	—	230	**16**	--	510
3,17	1/8	20	7 14	9/32	100	11,11	7/16	250	17 45	11/16	600
3.97	5/32	30	7 93	5/16	115	**12**	—	280	19.05	3/4	720
4	—	30.	**8**	—	120	12,70	1/2	320	**20**	—	780
4,16	3/16	45	8,73	11/32	150	**14**	—	350	20,64	13/16	850
5	—	50	**9**	—	165	14,28	9/16	400	22.22	1/8	980
5,56	7/32	60	9,52	3/8	180	**15**	—	440	23,81	15/16	1120
6	—	70	**10**	—	200	15,87	5/8	500	25.40	1	1280
6,35	1/4	80	10,32	13/32	210						

Grains de butée.

Les arbres peu chargés en bout tels que ceux des tours, perceuses et d'autres supportant des réactions d'engrenages sont généralement butés sur deux grains de forme convexe en acier dur, comme le représente la figure 47. Théoriquement ces deux grains de butée ne sont en contact ***que par un point*** mais, pratiquement, ils se touchent sur une surface très petite, un ou deux millimètres carrés, par exemple ; leur charge ne doit donc pas dépasser celle des billes de même diamètre. On les trempe dur et revenu au jaune d'or ; quelquefois on les fait en acier doux cémenté trempé, mais il faut que la couche cémentée soit assez épaisse et non sujette à s'écailler.

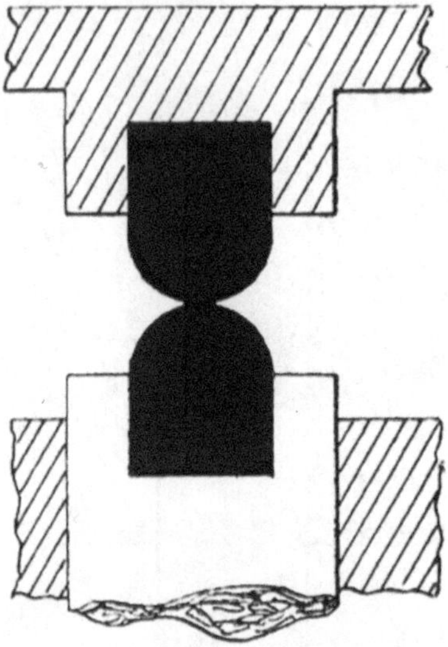

Fig. 47. — Grains de butée.

Il vaut mieux rapporter le grain de butée dans le centre de l'arbre, de façon à pouvoir le remplacer facilement en cas d'usure ou d'écaillement par pression exagérée.

Butées à billes.

De même que les roulements à billes, les ***butées à billes*** sont substituées maintenant aux systèmes précédemment décrits dans la plupart des emplois. Nous avons donné dans le volume II[1] de cette Encyclopédie des détails sur ces butées ; nous donnerons seulement ici le tableau des charges

1 *Métaux et matériaux du commerce.*

Butées à billes (*d'après Malicet et Blin*)

Alésage	Diamètre extérieur	Diamètre des billes	Charge en kilos	Alésage	Diamètre extérieur	Diamètre des billes	Charge en kilos
8.5	22	4.76	70	45.5	78	7.94	470
10.5	25	4.76	80	48.5	82	7.94	490
12.5	28	4.76	90	50.5	85	7.94	520
25.5	40	4.76	120	55.5	91	7.94	570
12.5	31	5.55	110	60.5	97	7.94	600
15.5	32	5.55	120	65.5	98	7.94	650
17.5	34	5.55	130	70.5	100	7.94	700
20.5	37	5.55	140	72.5	102	7.94	720
25.5	42	5.55	150	75.5	105	7.94	750
20.5	40	6.35	150	25.5	62	9.52	400
22.5	47	6.35	170	30.5	65	9.52	430
25.5	50	6.35	190	35.5	68	9.52	470
28.5	54	6.35	200	37.5	69	9.52	500
30.5	53	6.35	210	40.5	76	9.52	550
35.5	54	6.35	230	42.5	80	9.52	600
36.5	63	6.35	260	45.5	84	9.52	650
38.5	66	6.35	290	50.5	90	9.52	700
40.5	66	6.35	320	52.5	93	9.52	750
45.5	68	6.35	350	57.5	95	9.52	800
50.5	75	6.35	400	60.5	100	9.52	850
25.5	58	7.94	250	65.5	105	9.52	900
28.5	60	7.94	270	45.5	85	11.11	900
30.5	62	7.94	300	50.5	90	11.11	970
32.5	64	7.94	330	55.5	95	11.11	1050
35.5	65	7.94	370	60.5	100	11.11	1130
38.5	68	7.94	400	65.5	105	11.11	1200
40.5	72	7.94	420	70.5	110	11.11	1300

admissibles en fonction de l'alésage et de la grosseur des billes, d'après M. Malicet et Blin constructeurs, pour les emplois les plus courants, faibles et moyennes charges.

Les butées à billes se fabriquent en série jusqu'à l'alésage 150 mm et pour des charges, pour le même type de butée, atteignant :

5 700	kilos	à	1 000	tours par	minute.
8 600	—	à	500	—	—
9 600	—	à	300	—	—
11 400	—	à	150	—	—
15 950	—	à	50	—	—
38 500	—	à	10	—	—
70 000	—	à	1	—	—

Ces chiffres empruntés au catalogue de la Société R. B. F., montrent que la charge admissible sur une butée à billes décroît rapidement avec l'accroissement de vitesse, ce que nous avons déjà dit à propos des roulements à billes dans notre volume X[2] où nous avons donné les instructions de montage pour ces organes à billes. La figure 48 montre le montage d'une butée à billes sous un pivot de grue et son centrage par un roulement à billes (R. B. F.). Dans le volume *Appareils de Levage*, nous avons donné d'autre dessins de pivots pour lourdes charges.

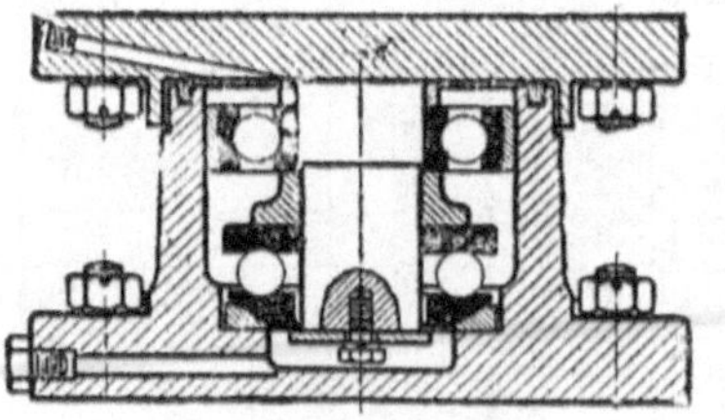

Fig. 48. — Butée à billes sous pivot de grue.

Crapaudines.

Coussinets dans lesquels tournent les arbres verticaux ; la figure 50 montre une crapaudine en fonte avec douille

2 *Organes accessoires des machines*

Fig. 49. — Crapaudine à pont.

en bronze et grain de butée en acier ou gaïac ; la figure 51 a une douille réglable par trois vis munies de contre-écrous de blocage.

Le graissage de ces crapaudines se fait soit par le godet en forme d'entonnoir dont leur partie supérieure est munie, soit par un tube amenant de l'huile ou de la graisse sous pression convenable par dessous le grain de butée qui est rainé de pattes d'araignées, comme on le voit sur la vue en plan (fig.

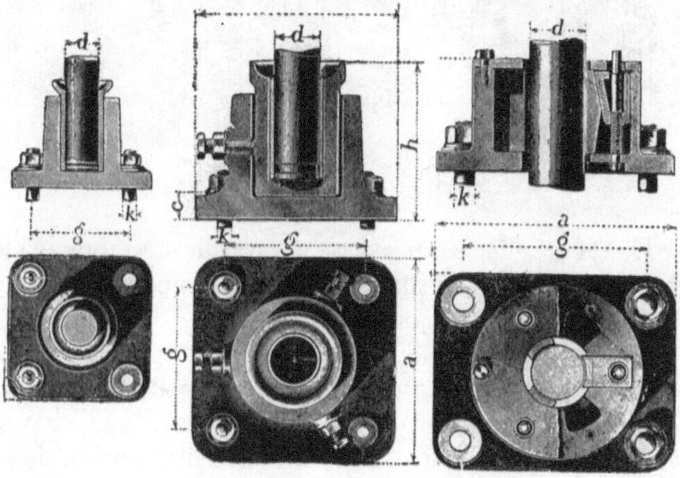

50 51 52

Fig. 50, 51 et 52. — Crapaudines et Boitard.

51). Les douilles, pivots et grains de butée des crapaudines doivent être calculés comme il a été dit ci-dessus pour les pivots et butées d'arbres.

La ***crapaudine à pont*** (fig. 49) permet la transmission solide entre un arbre horizontal et un arbre vertical par engrenages d'angle, les paliers des deux arbres étant réunis sur une seule embase coulée d'une seule pièce et les portées usinées bien d'équerre.

Boitards et paliers d'arbres verticaux ou obliques.

Il existe plusieurs modèles de paliers pour arbres verticaux ; la figure 52 montre un ***boitard*** avec rattrapage de jeu par une pièce oblique serrée par une vis ; la figure 53 représente un palier vertical avec graissage par rotins puisant l'huile dans un récipient ménagé à la partie inférieure du palier.

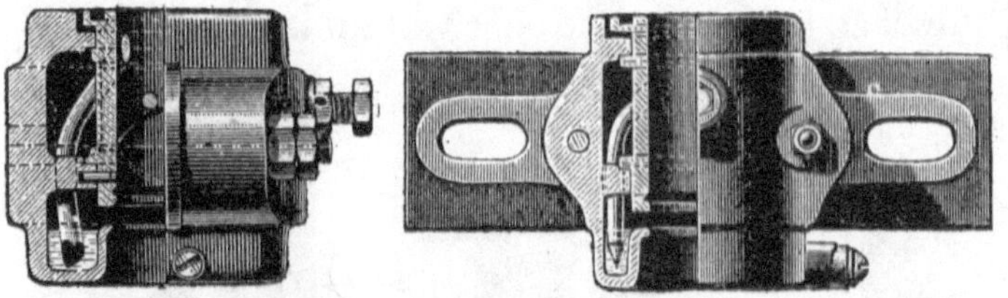

Fig. 53. – Palier vertical à rotin.

Dans ces paliers verticaux, le point délicat est toujours le graissage qui doit être suffisant mais assez modéré pour que l'huile ne coule pas le long de l'arbre.

On emploie aussi pour cela le graissage par mèches avec réservoir d'huile à la partie supérieure du palier.

Enfin le graissage à la graisse consistante ou au Calypsol est intéressant, la figure 43 montre un palier vertical de ce genre.

Coussinets des paliers.

Nous avons donné dans le volume II les formules d'alliages pour la fabrication des coussinets pour différents usages, ainsi que les procédés pour regarnir les coussinets et bagues d'anti-friction (Vol. II, page 139).

Pour les fortes charges et les transmissions à grande vitesse on emploie de préférence les coussinets en fonte, acier ou bronze garnis de métal blanc dit anti-friction fondant vers 300 degrés et donnant un faible coefficient de frottement ; on trouvera les formules de ces alliages dans notre volume II, voici la manière d'employer le métal.

MÉTAL ANTI-FRICTION

Ce métal se fait en deux qualités :

Qualité Nº 1. — Très riche en étain — au titre adopté par les chemins de fer et la marine.

Elle présente une très grande résistance à l'écrasement et convient pour toutes les pièces de machines de grande puissance, soumises à des pressions élevées, ou à de très grandes vitesses. Paliers de machines à vapeur puissantes et machines marines, locomotives, trains de laminoirs, etc.

Qualité Nº 2. — Présente un peu moins de résistance à l'écrasement et plus de ductilité.

Elle convient pour toutes les applications courantes industrielles, transmissions, dynamos, pompes centrifuges, etc.

Mode d'emploi. — Le métal livré en petits lingots doit être fondu dans une poche en tôle ou en fonte très propre, et il est indispensable de le brasser avec soin pendant la fusion. Y ajouter un peu de résine en poudre.

Il faut éviter d'y ajouter d'autres métaux pour ne pas dénaturer le métal, et il faut avoir soin de ne pas le surchauffer. On reconnaît qu'il est à la température voulue

Proportions des paliers à graissage par bagues (fig. 54 et 55).

(Paliers Lutetia, Piat et Cie.

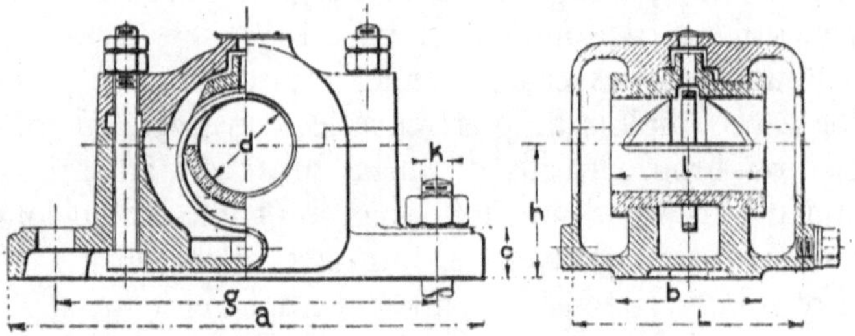

Diamètre de l'arbre	Portée	Hauteur de centre	Largeur totale	Patin			Boulons de fixation				Poids
							Écartement		Nombre	Diamètre	
d	l	h	L	a		c	g				
mill.	mill.	mill.	mill.	mill.	mill	mill.	mill.	mill	mill	mill	kil.
25	50.	50	80	180	50	16	138	—	2	10	2,3
30	55	55	90	200	55	18	155	—	2	12	2,8
35	60	55	100	200	60	20	155	—	2	12	3,9
40	65	65	110	220	65	20	170	—	2	12	5,9
45	70	70	120	230	70	20	185	—	2	14	7,5
50	80	75	130	260	80	25	200	—	2	16	9,4
55	85	80	140	275	85	27	215	—	2	16	11,5
60	100	85	150	305	95	28	245	—	2	18	15,1
65	105	90	155	315	100	32	255	—	2	18	18,2
70	115	95	170	350	110	34	275	—	2	20	21,5
75	125	100	180	365	120	36	290	—	2	20	24,1
80	130	105	180	380	125	42	305	—	2	22	29,»
85	135	110	190	395	130	43	320	—	2	22	34,5
90	145	120	200	420	140	45	340	—	2	22	41.5
100	160	130	220	440	150	50	360	—	2	24	57,5
110	170	140	235	500	160	58	385	80	4	24	72,»
120	180	150	260	530	185	58	415	80	4	24	85 »
130	195	160	280	560	200	60	435	94	4	24	105.»
140	210	170	290	590	210	60	455	94	4	26	133 »
150	235	180	320	640	230	60	490	100	4	30	163 »
160	260	190	365	660	245	60	520	110	4	30	197.»
170	280	200	370	690	260	70	550	120	4	34	229 »
180	300	210	410	730	280	85	585	130	4	34	287,»
190	310	225	420	780	300	90	630	140	4	38	310.»
200	330	240	430	810	320	95	650	145	4	38	390 »

lorsqu'il fait brunir, et au plus noircir, une baguette de bois blanc.

Il est indispensable de chauffer à la température du métal fondu les pièces, coussinets, arbres, etc., sur lesquelles il doit être coulé, et, pour assurer l'adhérence du métal, il est nécessaire de bien nettoyer les pièces avant de les chauffer pour faire la coulée.

Lorsqu'on a à refaire la garniture d'un coussinet en métal anti-friction, on enduit le mandrin de graphite ou de craie, délavés dans de l'eau, mais il faut avoir soin de ne jamais laisser de parties grasses sur les pièces qui doivent être en contact avec le métal fondu.

Le métal peut être réemployé un grand nombre de fois en prenant les précautions indiquées ci-dessus.

Certains coussinets présentent un logement à queue d'aronde où l'anti-friction se fixe. Les autres coussinets doivent être soigneusement étamés, pour que l'anti-friction y adhère bien.

Avant la coulée, écumer le métal fondu et couler en une seule fois.

Les mandrins et moules devront être graphités pour éviter l'adhérence de l'antifriction.

Compositions anti-friction

	Cuivre	Étain	Antimoine	Zinc	Plomb
Pr arbres à 3.000 tr pr minute	1	0	1,5	17	0
Pr arbres très chargés, gros travaux	1,7	5,8	0,7	82	9,8
Pour coussinets de tramways	5	85	10	0	0
Pour machines marines	3,7	88,8	7,5	0	0
Pour arbres de transmissions	4	88	8	0	0
Pour coussinets de wagons	6	83	11	0	0

Métal anti-friction de Siemens et Halske :

Zinc	45 à 50
Cadmium	45 à 50
Antimoine	4 à 10

Anti-frictions à la base de plomb :

Plomb	40 à 80
Étain	40 à 10
Antimoine	20 à 10

Un point important dans le montage des paliers c'est que les coquilles formant les coussinets portent bien d'aplomb sur leurs bases de logements formées par la fonte des paliers. S'il n'en est pas ainsi, la charge de l'arbre fait gauchir la coquille du coussinet et le roulement ne se fait que sur une faible surface, ce qui risque de faire gripper.

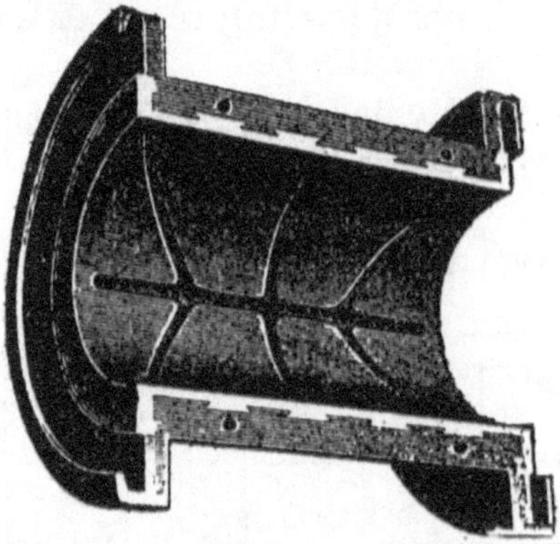

Fig. 56. — Coussinet garni d'anti-friction.

Ainsi que le montre la figure 56, les coquilles doivent être creusées de pattes d'araignées pour faciliter la circulation de l'huile ; celle de dessus a une large rainure dans laquelle passe la bague de graissage (fig. 31-6) ; cette bague doit être bien libre dans ladite rainure.

Paliers à billes.

En raison de la grande importance qu'ont prise les roulements à billes, nous les avons déjà étudiés dans les volumes I et II de cette Encyclopédie. Nous représentons figures 57 à 66 les paliers à ***rouleaux***, à ***simple*** et ***double***

rangs de billes et à ***rotules***, de nos meilleurs constructeurs en indiquant les charges à admettre en fonction des alésages et des vitesses de rotation.

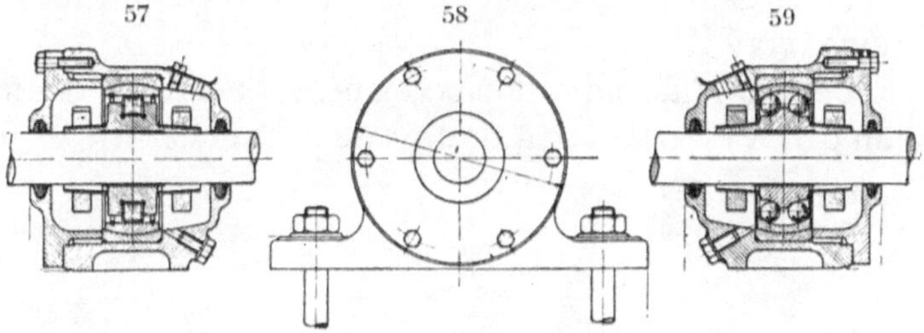

Fig. 57 à 59. — Paliers à rouleaux.

En dehors des séries mentionnées dans les tableaux ci-après, il existe d'autres séries plus légères ou plus fortes pour lesquelles nos lecteurs devront consulter les catalogues des fabricants.

Paliers à patins coupés.

Nommés aussi paliers sans patin, ces paliers sont employés quand on manque de place pour poser un palier à patin normal. En ce cas, la fixation du palier sur la chaise ou semelle se fait au moyen des boulons qui serrent le chapeau du palier, ces boulons étant choisis suffisamment longs ou remplacés par des tiges filetées, comme on le voit figure 87.

LES PEINTURES SENSIBLES A LA CHALEUR ET L'ÉCHAUFFEMENT DES PALIERS ET ARBRES

Un certain nombre de peintures changent de couleur d'une façon remarquable quand elles sont légèrement chauffées, et reprennent leur teinte naturelle si elles n'ont pas été brûlées, c'est-à-dire chauffées à l'excès. Les plus connues sont les deux iodures doubles suivants : CuI+Hg

I^2 et $Ag I + Hg I^2$. Le premier est rouge à froid, devient brun vers 75°, presque noir à 100°, et reprend sa couleur rouge quand il refroidit.

Le deuxième, jaune à froid, devient orangé puis rouge brique vers 75°.

Pour avoir une indication permanente de la température d'un palier, on peut le garnir de cette peinture.

60 61 62

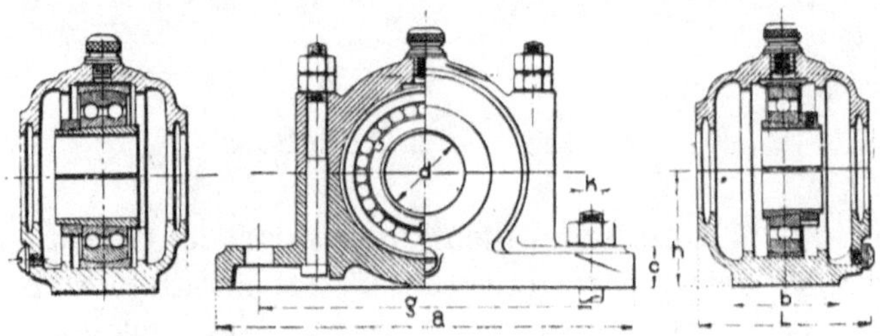

1 rang de billes.					2 rangs de billes.				
Diamètre de l'arbre	Charge admissible Nombre de tours par minute			Poids	Diamètre de l'arbre	Charge admissible Nombre de tours par minute			Poids
	200	500	800			200	500	800	
	kg	kg.	kg.	kg.		kg.	kg.	kg.	kg.
30	450	400	300	4,5	30	900	800	600	4,7
35	500	450	350	4,5	35	1000	900	700	4,7
40	600	500	400	6	40	1200	1000	800	6,2
45	650	550	450	6	45	1300	1100	900	6,2
50	750	600	550	9	50	1500	1200	1100	9,4
55	1000	800	700	9	55	2000	1600	1400	9,4
60	1200	1000	800	13,5	60	2400	2000	1600	14,1
65	1400	1200	1000	13,5	65	2800	2400	2000	14,1
70	1500	1300	1100	17	70	3000	2600	2200	18
75	1800	1600	1300	17	75	3600	3200	2600	18
80	2100	1800	1500	21	80	4200	3600	3000	22,7
85	2600	2200	1800	21	85	5200	4400	3600	22,7
90	2800	2400	2000	36	90	5600	4800	4000	37,5
100	3630	2970	2530	36	100	7250	5950	5000	37,5

Fig. 60 à 62. – Paliers à billes Piat.

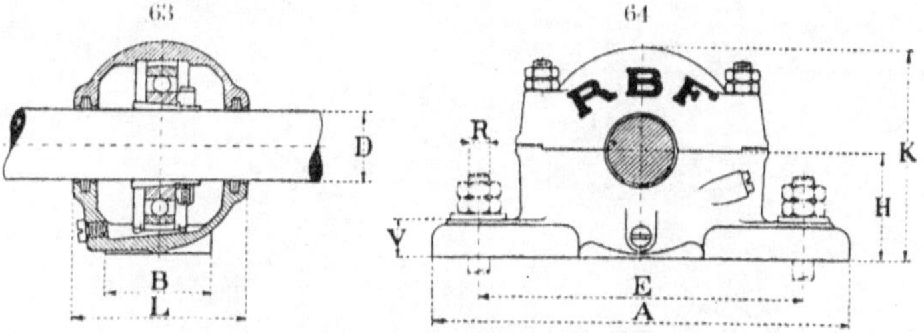

D m/m	L m/m	H m/m	A m/m	B m/m	E m/m	V m/m	R m/m	K m/m	1500	1000	500	300	150	50	Poids en kgs
	Dimensions								Charges admissibles en kilogrammes — *Tours par minute*						
20	80	48	185	50	145	20	12	110	190	225	270	320	420	600	3.000
25	85	52	200	55	155	20	12	110	265	310	370	440	560	810	3.600
30	90	58	220	55	170	22	12	115	295	350	420	510	670	950	4.500
35	95	60	230	60	180	25	14	130	320	390	460	560	720	1010	5.300
40	100	65	240	65	190	25	14	130	355	430	510	610	770	1080	6.200
45	115	70	270	70	210	25	14	140	480	560	680	820	1020	1440	7.000
50	120	75	300	75	230	30	16	155	575	670	780	940	1200	1700	9.200
55	125	80	310	80	240	30	16	165	670	790	920	1120	1450	2050	10.500
60	130	85	330	80	260	30	18	175	750	885	1050	1270	1650	2300	13 000
65	130	90	340	85	270	30	18	185	900	1050	1250	1500	2000	2800	14.500
70	140	95	350	85	280	30	18	195	1035	1210	1440	1725	2300	3220	16.000
75	150	100	380	90	300	35	20	205	1230	1440	1710	2050	2740	3800	18.000
80	155	105	390	90	310	35	20	215	1440	1680	2000	2400	3200	4500	20.000
85	170	115	410	105	330	40	22	230	1550	1800	2180	2600	3400	4800	24 000
90	175	120	420	105	340	40	22	245	1670	1950	2320	2800	3700	5100	29.000
95	180	125	430	110	350	40	22	255	1920	2240	2670	3200	4250	5800	31.000
100	190	135	460	115	370	45	22	270	2180	2540	3030	3640	4830	6600	35.100
110	190	135	460	115	370	45	22	270	2180	2540	3030	3640	4830	6600	35.100
120	200	140	500	120	400	45	24	285	2450	2850	3400	4100	5400	7400	42.400
130	205	150	520	125	420	50	24	300	2550	3000	3600	4300	5700	7800	51.450
140	205	150	520	125	420	50	24	300	3030	3570	4280	5100	6780	9280	51.600
150	205	190	630	170	515	50	27	370	3500	4150	5000	5950	7900	10850	67.400
160	205	190	630	170	515	50	27	370	3700	4350	5250	6250	8300	11400	63.860
170	205	190	630	170	515	50	27	370	4100	4800	5800	6900	9200	12600	60.740
180	240	240	750	200	610	55	30	450	4290	5000	6050	7200	10600	13200	111.200
190	240	240	750	200	610	55	30	450	4700	5500	6500	7900	11700	14500	105.320
200	240	240	750	200	610	55	30	450	4950	5700	6700	8300	12300	15200	99.220

Fig. 63 et 64. — Paliers à billes R. B. F.

Il est bon qu'elle soit accompagnée d'une tache témoin composée d'une peinture de même couleur à froid et insensible à la chaleur.

On peut obtenir de même l'indication du niveau dans un réservoir à eau chaude, en le recouvrant extérieurement de ces peintures.

Il n'est pas besoin ici de peinture témoin.

(Journal l'*Usine.*)

65

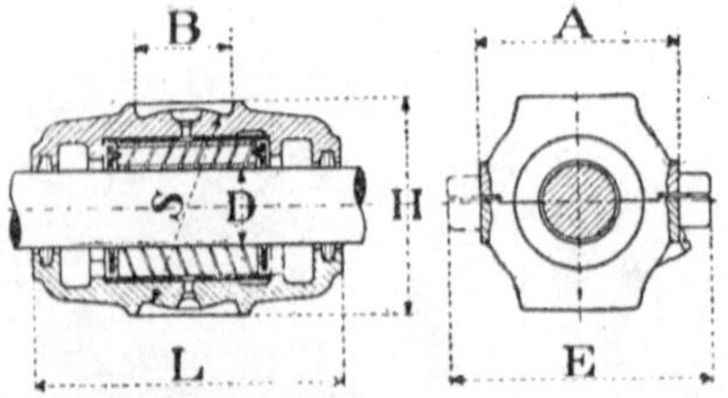

66

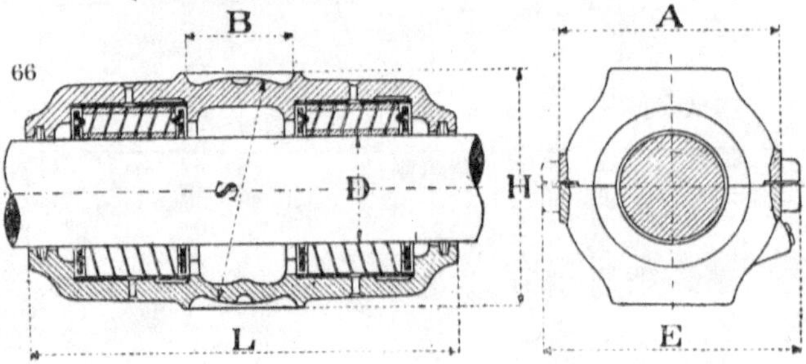

D m/m	A m/m	L m/m	S m/m	B m/m	H m/m	E m/m	Charges admissibles en kilogs Tours par minute 500	300	150	25	Roul^ts par paliers	Poids en kgs
25	75	160	75	45	82	100	180	210	245	290	1	2.900
30	85	160	85	45	92	108	215	250	295	350	1	3.370
35	95	160	95	45	102	120	235	275	320	375	1	4.660
40	95	160	95	45	102	120	290	335	390	460	1	4.740
45	110	200	110	55	120	140	415	480	560	660	1	7.580
50	110	200	110	55	120	140	415	480	560	660	1	7 000
55	125	240	125	70	132	134	625	720	840	995	1	41 740
60	125	240	125	70	132	154	705	820	955	1130	1	10.640
65	140	280	145	70	150	169	705	820	955	1130	2	16.590
70	140	280	145	70	150	169	760	880	1030	1220	2	15.330
75	160	320	165	80	170	189	1170	1360	1580	1870	2	24.670
80	160	320	165	80	170	189	1270	1470	1720	2040	2	23.260
85	180	360	185	90	190	208	1770	2050	2400	2830	2	35.640
90	180	360	185	90	190	208	1770	2050	2400	2830	2	34.180
95	200	400	205	100	204	220	2340	2720	3160	3740	2	45.580
100	200	400	205	100	204	220	2340	2720	3160	3740	2	43.000
110	215	400	215	100	218	234	2490	2890	3380	3990	2	51 000
120	230	400	230	100	232	248	2650	3080	3600	4260	2	56.000
130	240	400	240	100	243	260	3100	3600	4200	4960	2	62.000
140	252	400	250	100	255	272	3300	3820	4460	5280	2	66.000
150	275	400	270	100	280	295	3300	3820	4460	5280	2	74.000

Fig. 65 et 66. — Paliers à rouleaux élastiques R. B. F.

ÉTUDE FAITE PAR LA COMPAGNIE D'APPLICATIONS MÉCANIQUES SUR LA PUISSANCE ABSORBÉE PAR LES PALIERS DE TRANSMISSION LISSES ET À BILLES

Prenons l'exemple d'une travée d'un arbre de transmission portant une poulie motrice, et comparons les puissances absorbées dans le cas des paliers lisses, puis dans le cas des paliers à roulements à billes. Nous savons que la charge totale, sur cette travée, s'exprime par la formule :

$$U = 716{,}2\ (N / Rn)\rho + P + (\pi D^2/4)\ Ld$$

dans laquelle N est le nombre de chevaux à transmettre, R le rayon de la poulie, *n* la vitesse en tours par minute, P le poids propre de la poulie, D le diamètre de l'arbre, L la longueur entre deux paliers et *d* la densité du métal de l'arbre.

Prenons un exemple numérique, et soit :

N (puissance à transmettre)	= 50 CV
R (rayon de la poulie)	= $0^m,35$
n (vitesse en t/m)	= 340

L'angle d'enroulement α de la courroie est de 180° et le coefficient d'adhérence sur la poulie est $f = 0{,}28$. Supposons en outre que le poids P de la poulie soit de 50 kilos et qu'elle soit calée sur un arbre de 65 m de diamètre et de $2^m,50$ de portée.

La charge exercée par la courroie sur la poulie = 950 kilos.

Poids de la poulie	= 50 kilos.
Poids de l'arbre	= 65 kilos.

La charge totale sur la travée est donc :

$$U = 950 + 50 + 65 = 1\ 065 \text{ kilos}$$

a) *Puissance absorbée par des paliers lisses.* — Pour des paliers lisses à graissage continu et fonctionnant dans les meilleures conditions possibles, le coefficient de frottement peut être pris égal à 0,025.

La force de frottement qui s'exerce sur les deux paliers de la travée envisagée, du fait de la charge U est donc :

1 065 x 0,025 = 26,6 kg

Le diamètre de l'arbre étant de 65 mm, sa vitesse tangentielle sera :

(3,14 x 0,065 x 340) / 60 = 1,15 m/sec.

et la puissance en CV absorbée en une seconde par les paliers lisses :

(1,15 x 26,6) / 75 = 0,40 CV

En une année de 2 500 heures de travail (environ 52 semaines de 48 heures) la puissance perdue sur cette seule travée de transmission sera :

0,4 x 2 500 = 1000 CV-H ou 1 000 / 1,36 = 735 kwh

ce qui représente à 0,55 fr. le kwh, une perte annuelle de : 0,55 x 735 = 404,25fr.
pour cette seule travée de transmission.

b) *Puissance absorbée par de paliers à roulements à billes.* – Le coefficient de frottement, généralement admis par les meilleurs techniciens du roulement à billes, est de 0,0015 pour les roulements annulaires à charge radiale.

Il en résulte que, dans l'exemple choisi, l'effort de frottement pour la même travée de transmission n'est plus que de :

1 065 x 0,0015 = 1,59 kg

c'est-à-dire qu'il est 16 fois plus faible qu'avec des paliers lisses.

Si l'on substitue à ces paliers lisses des paliers à roulements à billes, par exemple des paliers R. B. F. n° 65 de la série légère dont les caractéristiques sont les suivantes :

Diamètre d'alésage du manchon	65 mm.
Encombrement	130 x 340 x 191
Charge admissible à 340 t. p. m	1 400 kilos.

La puissance absorbée par les paliers à roulements billes se réduit à :

$$(\pi \times 0{,}065 \times 340 \times 1{,}59) / (60 \times 75) = 0{,}025 \text{ CV}$$

ÉCONOMIE RÉALISÉE EN MONTANT LES TRANSMISSIONS SUR PALIERS À ROULEMENTS À BILLES

Des calculs qui précèdent, il résulte que l'économie sur les pertes par frottement atteint normalement :

$$(0{,}4 - 0{,}025) / 0{,}4 = 93 \text{ \% environ}$$

et se traduit par un gain annuel de :

$$404{,}25 \times 0{,}93 = 376 \text{ fr.}$$

pour la travée de transmission envisagée.

A ce chiffre, il faut encore ajouter la main-d'oeuvre d'entretien qui est nulle pour les paliers à roulements à billes, et 90 % environ de la dépense du lubrifiant.

Il est intéressant de calculer ce que cette économie peut représenter de charbon en un an.

La perte d'énergie en kgm. et par heure est, dans le cas des paliers lisses :

$$1{,}15 \times 26{,}6 \times 3\,600 = 110\,124 \text{ kgm}$$

En une année de 2 500 heures de travail effectif, cette dépense est de :

$$110\,124 \times 2\,500 = 275\,210\,000 \text{ kgm}$$

Si nous prenons pour rendement global de l'installation thermique le chiffre moyen de 0,15 et comme pouvoir calorifique de la houille 8 000 colories, un kilo de charbon ne donnera effectivement que :

$$8\,000 \times 0{,}15 = 1\,200 \text{ calories}$$

c'est-à-dire :

$$1\,200 \times 425 = 510\,000 \text{ kgm}$$

ce qui correspond à une perte sèche de :
275 310 000 / 510 000 = 540 kilos de charbon par an, pour la seule travée de transmission envisagée.

Étant donné le grand nombre de transmissions que comporte une installation d'usine, on se rend compte de l'énorme quantité d'énergie et de lubrifiant gaspillée en pure perte sur les coussinets des paliers lisses, et du bénéfice que l'on peut réaliser en leur substituant des paliers à roulements à billes.

Dans le palier à roulements à billes, le frottement de glissement n'existe plus. Si l'on se reporte aux nombreux résultats obtenus jusqu'ici, on remarque que le coefficient de frottement de roulement varie très peu avec la charge spécifique et la vitesse de rotation, il est environ 15 à 16 fois plus faible que le coefficient moyen de frottement au point critique. De ce principe fondamental découlent tous les avantages mécaniques des paliers à roulements à billes.

Comme nous l'avons vu, le palier à roulements à billes procure une économie de 92 à 95 % sur la puissance absorbée par les paliers lisses.

Ce résultat s'explique aisément lorsqu'on se reporte aux diverses mesures du coefficient de frottement des coussinets lisses effectuées en faisant varier la vitesse et la charge. Les expériences de Kimball, de Beauchamp Tower, de Goodman et de nombreux mécaniciens ont définitivement établi les variations de ce coefficient.

Pour une charge constante donnée, lorsqu'on fait croître la vitesse, le coefficient de frottement lisse varie suivant une courbe dont nous avons donné les diagrammes au volume I, page 133.

De toutes ces expériences on a déduit un coefficient pratique de frottement lisse qui varie entre 0,025 dans le cas d'un graissage parfait, avec des pièces rigoureusement ajustées, 0,054 dans le cas d'un bon graissage à l'huile sans cesse renouvelée et 0,10 dans le cas d'un graissage à la graisse ou au suif.

Outre la valeur considérable du coefficient de frottement, nous ne saurions trop insister sur ce fait que dès que l'on s'écarte des conditions de charges et de vitesses qui définissent les minima des courbes le coefficient de frottement lisse croit très rapidement.

L'emploi des roulements à billes bien construits, dans lesquels le frottement de glissement est pratiquement nul, non seulement permet d'abaisser considérablement la valeur du coefficient de frottement, mais encore de le maintenir au voisinage immédiat de cette valeur, quelle que soit la vitesse et quelle que soit la charge,

De travaux récents il résulte, en effet, que le coefficient moyen de frottement des roulements à billes est égal à 0,0015, qu'il est à peu près indépendant de la vitesse de rotation et qu'il varie très peu en fonction de la charge (voir volumes IX et X).

CHAPITRE V

ACCOUPLEMENTS D'ARBRES

Pour réunir bout à bout les arbres de transmission on emploie des organes rigides ou élastiques appelés ***manchons d'accouplement*** : si la liaison des deux arbres peut être à volonté interrompue ou faite en marche, on a un ***manchon*** ou ***plateau d'embrayage*** : nous ne parlerons ici que des accouplements fixes et traiterons les embrayages dans un autre volume.

Accouplements rigides.

L'emploi de ces organes de liaison rapide exige que les deux arbres soient exactement dans le prolongement l'un de l'autre, leurs centres coïncidant et leurs positions respectives

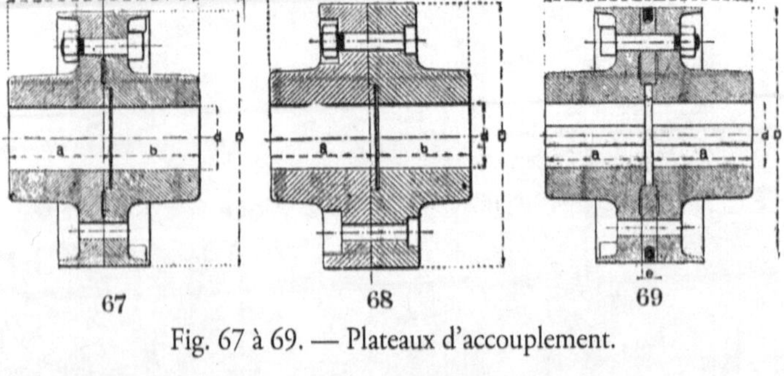

67 68 69

Fig. 67 à 69. — Plateaux d'accouplement.

parfaitement stables. L'accouplement par ***manchons à plateaux*** (fig. 67) comporte deux plateaux s'emboîtant l'un dans l'autre par un bossage tourné concentrique à l'alésage ; ils sont clavetés, par des clés prisonnières, sur les bouts d'arbre et assemblés par 3, 4 ou 6 boulons selon la puissance à transmettre. Nous donnons ci-dessous les dimensions à prévoir pour ces plateaux (*d'après M. Piat*).

Les plateaux (fig. 68) sont assemblés à ***boulons noyés*** dans l'épaisseur de la fonte ; ceux de la figure 69, tous deux semblables, sont centrés par une ***rondelle intercalaire*** en deux pièces (*Piat*).

PROPORTIONS DES PLATEAUX D'ACCOUPLEMENT
(FIG. 67 À 69.)

Diam. d'arbre	Diam. du manchon	Long^r totale	Longueurs partielles		Nombre de boulons	Diam. des boulons	Poids kilos
d m/m	D m/m	L m/m	a m/m	b m/m		d m/m	
30-35	140	100	55	43	6	10	6,5
40-45	200	140	76	62	6	12	18,5
50-55	220	170	92	76	6	16	26
60-65	260	200	100	90	6	18	44,5
70-75	300	225	121	102	6	18	65
80-85	330	250	134	114	6	20	88,5
90-95	350	270	145	123	6	24	109
100-110	380	300	159	139	6	26	147
120-130	420	350	187	161	6	26	204
140-150	470	380	204	174	6	28	270

Ces manchons possèdent toutes les caractéristiques des précédents, mais la présence d'une rondelle amovible en deux pièces entre les deux plateaux permet d'isoler complètement une partie de la transmission et de faire tourner l'autre sans inconvénients une fois les boulons et les rondelles retirés.

La jonction de deux arbres doit, autant que possible, toujours se faire contre un palier, comme le montre la figure 3, afin que le poids du manchon ne charge pas l'arbre au milieu d'une portée.

Fig. 69 bis. – Accouplement par plateaux

On peut accoupler deux arbres de diamètre différent en alésant chaque partie du manchon selon les diamètres respectifs des arbres ; avec les manchons à frettes, il est préférable d'épauler l'arbre le plus gros au diamètre de l'arbre plus petit, ce qui est évidemment plus difficile que de modifier le manchon seul, mais le serrage du manchon est meilleur.

Nous ne décrivons ici que les manchons les plus simples et les plus pratiques, laissant de côté les types que l'on n'emploie plus.

Lorsqu'on désire un montage de haute précision, on alèse les manchons à plateau un peu plus faible que le diamètre de l'arbre et on les *pose à chaud*, puis on les tourne sur les bouts d'arbre eux-mêmes de façon à obtenir un centrage rigoureux.

Le ***manchon de sûreté*** à plateaux comporte un ***entraînement par friction*** sur deux rondelles auxquelles la pression est donnée par le serrage des boulons sur des rondelles Belleville ; on voit les détails de cette construction figure 70.

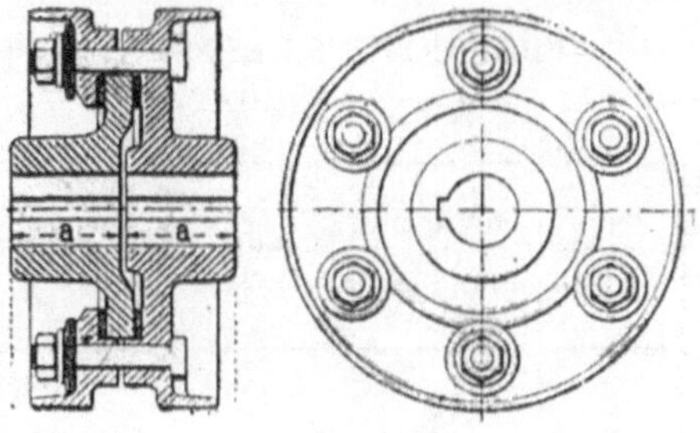

Fig. 70. — Manchon de sûreté à plateaux.

En serrant convenablement les boulons qui assemblent les diverses parties de ce plateau, on proportionne sa puissance d'entraînement à celle exigée par l'arbre commandé.

Si un à-coup se produit aux machines réceptrices ou motrices, le plateau mâle glisse entre les rondelles de serrage.

Les manchons cylindriques, représentés figure 73, se font massifs ou à nervures, ce dernier type ayant l'avantage de la légèreté ; ils sont assemblés à 6 ou 8 boulons selon leur force.

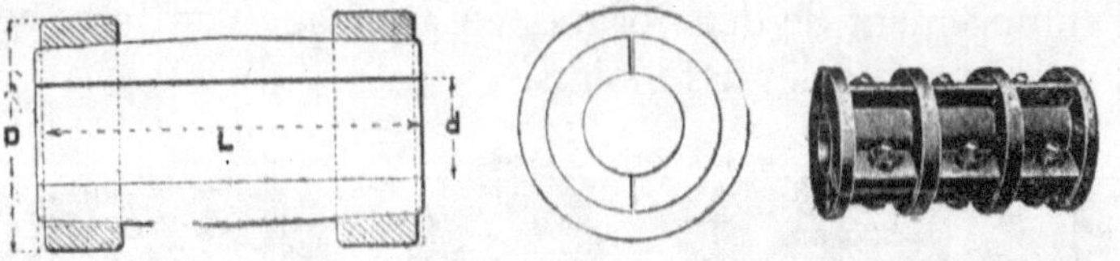

Fig. 73. – Manchons cylindriques.

En faisant leur alésage un ou deux dixièmes de millimètres moins fort que le diamètre des arbres, on peut les poser sans clavetage, ou bien les serrer sur toile émeri, pour les transmissions peu fatiguées ; mais, généralement, on les serre sur clavettes prisonnières.

Voici les dimensions à donner à ces manchons en fonction de leur alésage :

Proportions des manchons cylindriques
(Piat) (fig. 73)

Diamètre d'arbre	Diamètre du manchon	Longueur	Diamètre d'arbre	Diamètre du manchon	Longueur
m/m	m/m	m/m	m/m	m/m	m/m
30	100	135	80	220	280
35	100	135	85	220	280
40	130	180	90	240	350
45	130	180	95	240	350
50	155	200	100	260	380
55	155	200	110	275	400
60	180	220	120	295	420
65	180	220	130	315	450
70	200	250	140	335	490
75	200	250	150	350	525

Les ***manchons à frettes*** (fig. 72) sont les plus faciles à poser et à démonter.

Leur surface extérieure a la forme de deux troncs de cône et les deux parties du manchon sont serrées par l'enfoncement de deux bagues en acier que l'on force au matoir ou avec des serre-joints.

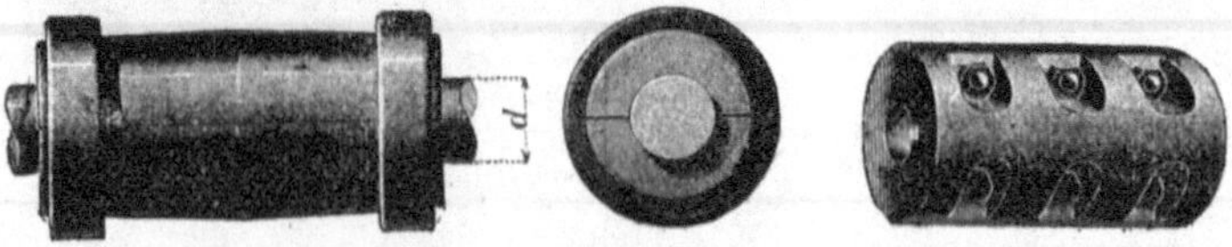

Fig. 72. — Manchon à frettes.

On les pose avec ou sans clavettes, comme nous l'avons expliqué ci-dessus.

Voici leurs dimensions d'exécution :

PROPORTIONS DES MANCHONS À FRETTES
(PIAT) (FIG. 72).

Diamètre d'arbre *d*	Diamètre du manchon D	Longueur L	Poids
m/m	m/m	m/m	kilos
25	55	110	2
30	55	110	2
35	55	110	2
40	66	135	4
45	78	160	6
50	89	180	9
55	100	200	12
60	110	220	16
65	110	220	16
70	122	245	22
75	133	270	28
80	144	290	36
85	155	315	45
90	166	335	54
100	178	360	67
110	200	400	95
120	230	440	130
130	245	465	160

Manchon de dilatation. (MM. Piat à Paris) (fig. 71).

Pour assurer la libre dilatation d'une ligne d'arbres, on emploie un manchon spécial à griffes, dont les dents s'engagent les unes dans les autres sans se toucher au fond. Les arbres peuvent donc glisser librement dans la douille intérieure qui sert de centrage.

Ce manchon nécessite l'emploi de paliers aux extrémités des arbres, près de l'accouplement, surtout si on doit placer des poulies ou des engrenages à proximité ; on peut le disposer pour qu'une de ses parties coulisse sur un des arbres, ce qui permet l'embrayage moteur arrêté ou le débrayage en marche.

Voici ses proportions :

Proportions des manchons de dilatation

Alésage d	Diamètre D	Longueur L	Longueur a	Poids Approximatif
mill.	mill.	mill.	mill.	kil
60	150	242	91	20
65	175	274	105	31
70	175	274	105	31
75	200	313	121	50
80	200	313	121	50
85	250	384	150	80
90	250	384	150	82
95	250	384	150	85
100	250	384	150	88
110	300	470	180	150
120	300	470	180	160

Manchon élastique à bagues de caoutchouc (M. Teste constructeur à Paris) (fig. 74).

Ce manchon se compose de deux plateaux en fonte portant sur une de leurs faces un certain nombre de doigts en nombre variable suivant la force à transmettre. L'un des plateaux, plus petit que l'autre, se loge à l'intérieur du grand ; ils sont séparés entre eux par un jeu de quelques millimètres. Les doigts sont placés sur chacun des demi-manchons sur le même rayon et sont réunis entre eux par des bagues en caoutchouc de dimensions calculées suivant l'effort à transmettre.

Comme il suffit pour accoupler ou désaccoupler les deux parties du manchon de poser ou d'enlever ces bagues, cette opération est extrêmement rapide et permet d'isoler instantanément une machine (dynamo, pompe, etc.), ou une partie de transmission dont l'emploi devient momentanément inutile.

Les bagues ne subissent pas de frottements alternatifs, leur usure est nulle et, leur section étant calculée pour un effort déterminé, la rupture a lieu lorsque cet effort est dépassé, offrant ainsi une sécurité absolue pour la machine motrice en cas d'efforts anormaux.

Fig. 74. – Manchon à bagues de caoutchouc.

Le jeu existant entre les deux plateaux permet une légère dénivellation dans la ligne d'axe des arbres, laissant à ceux-ci leur fonctionnement naturel sans contrainte ni raideur, formant ainsi une sorte de cardan à course très limitée. L'accouplement ne transmet aucune vibration, celle-ci étant absorbée par les bagues en caoutchouc.

Manchons flexibles à broches (MM. Piat constructeurs à Paris) (fig. 75).

Se composent de deux plateaux calés aux extrémités des arbres à réunir. Sur l'un d'eux sont montées deux ou plusieurs broches en acier dont les extrémités, de forme ovoïde, s'engagent dans les logements de l'autre plateau. Ces broches d'entraînement peuvent donc osciller librement et les deux arbres subir une légère dénivellation. Ce manchon se fait aussi avec des anneaux en caoutchouc sertis sur bague

Fig. 75. – Manchon flexible à broches.

en bronze ajustée sur la broche cylindrique d'entraînement, on voit ces bagues en *cc*, figure 75. L'élasticité de ces anneaux permet, en plus du déplacement des arbres, l'isolement au point de vue électrique. Il est toujours nécessaire que les arbres soient supportés par un palier placé au ras de chacun des plateaux.

Voici leurs proportions :

Proportions des manchons à broches (Piat)

Puissance à 1.000 tours	Diamètre maximum des arbres	Diamètre extérieur	Largeur totale	Largeur de chaque plateau
chev.	m/m	m/m	m/m	m/m
2	18	120	78	35
4	25	160	90	40
10	30	200	102	45
20	35	250	134	58
35	45	300	156	70
60	60	370	178	80
100	65	440	190	85
150	75	520	200	90
300	90	620	220	100
550	105	750	255	115
800	115	900	280	125
1.000	120	900	280	125

Manchon à tampons de caoutchouc (Piat).

La figure 76 montre cet appareil dans lequel deux plateaux agissent l'un sur l'autre par deux chapes avec inter-

Fig. 76. – Manchon à tampons élastiques.

position de deux tampons élastiques, comme des tocs d'entraînement de tour.

L'accouplement Citroën, représenté figure 76 bis, se compose de deux plateaux à dentures taillées dont les dents ont une forme trapézoïdale ; une bande d'acier contournée en zig-zag est insérée entre ces dents qui, par leur forme spéciale lui permettent un certain fléchissement élastique ; le tout est enveloppé d'un carter à graisse consistante qui lubrifie le frottement de la bande d'acier sur les dents des manchons pendant les légers déplacements relatifs de ceux-ci.

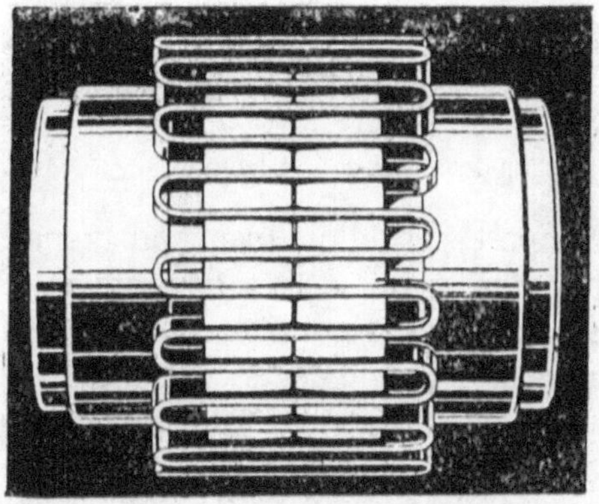

Fig. 76 bis. — Accouplement Citroën.

Manchon élastique de R. Champly, formant débrayage.

Le manchon d'accouplement représenté figure 77 fut inventé et breveté par l'auteur de ce livre en 1902 et a été très souvent appliqué à des assemblages de moteurs tonnants avec des dynamos et pompes centrifuges, ou moteurs électriques avec diverses machines.

Il a l'avantage de laisser aux arbres un jeu latéral considérable, de bien supporter les trépidations, de permettre une séparation facile et instantanée des machines accouplées, enfin de pouvoir admettre, sur la circonférence *ccc* du manchon, une courroie de transmission pour actionner une machine accessoire quelconque.

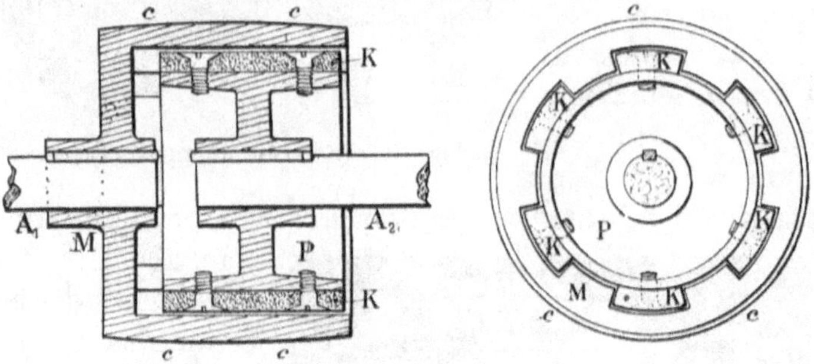

Fig. 77. — Manchon débrayage de R. Champly.

Cet appareil se compose : 1° d'un manchon crénelé intérieurement, qui peut être employé brut de fonte en ce qui concerne lesdites cannelures, à condition de faire un modèle et une boîte à noyau bien soignés et, pour l'usinage sur le tour, de centrer sur l'intérieur des cannelures intérieures. On tourne seulement l'extérieur et l'alésage pour recevoir l'arbre A_1. Si je conseille cette manière de faire, c'est parce que je l'ai souvent employée, sans avoir besoin de faire mortaiser l'intérieur des cannelures que je faisais seulement nettoyer à la lime bâtarde.

2° D'une poulie P clavetée sur le deuxième arbre ; on tourne cylindrique la jante de cette poulie, c'est-à-dire qu'on supprime le bombement de la jante. Sur cette jante cylindrique on fixe par des vis, ou par des boulons à tête fraisée, des bandes de matière plus ou moins élastiques *kk*, telles que : caoutchouc, cuir, Ferodo, balata, fibre vulcanisée, de telle sorte que ces bandes s'emboîtent, avec très peu de jeu, dans les cannelures intérieures du manchon.

Pour calculer les dimensions de ce manchon, il suffit de prendre la poulie normale de l'une des machines à accoupler et de s'en servir pour construire ledit appareil en faisant 6 où 8 cannelures pour les poulies au-dessus de 0^m,15 de diamètre, 4 ou 6 cannelures pour celles de 0^m,10 à 0^m,15 et 3 ou 4 cannelures pour celles au- dessous de 0^m,10.

Accouplement élastique de la société d'Engins graisseurs.

Cet appareil repose sur une donnée analogue à celle ci-dessus ; comme le montre la figure 78, il se compose de deux plateaux à griffes s'emboîtant l'un dans l'autre, un plateau mâle et un femelle, les intervalles laissés libres entre les griffes étant garnis d'un dispositif élastique travaillant à la compression et composé, soit de tampons de caoutchouc, de ressorts ou de rondelles Belleville.

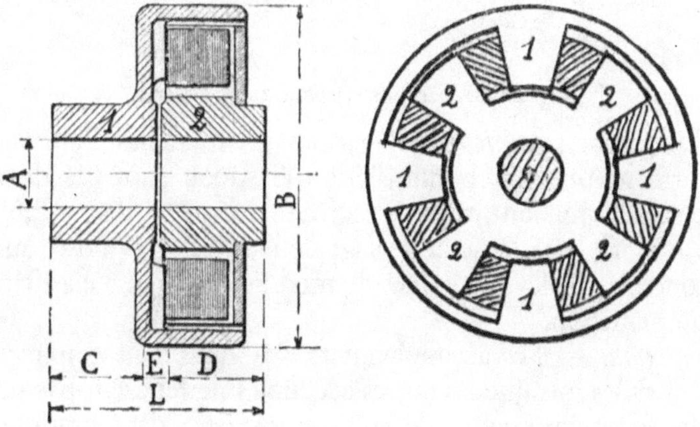

Fig. 78. — Manchon élastique de la Société d'Engins graisseurs.

Le nombre des tampons et leur composition varient avec les puissances à transmettre.

Voici les proportions de ces accouplements :

Puissance en chevaux à 1.000 tours	5	10	25	57	85	100	175	240	300	420
Alésage..........	25	30	40	45	50	55	65	70	75	80
Diamètre extérieur	110	130	170	230	260	280	320	360	400	440

Manchon élastique de M. J. Julien.

Cet accouplement se compose d'un plateau femelle dans lequel s'engage un plateau mâle, portant deux bossages venus de fonte (fig. 79).

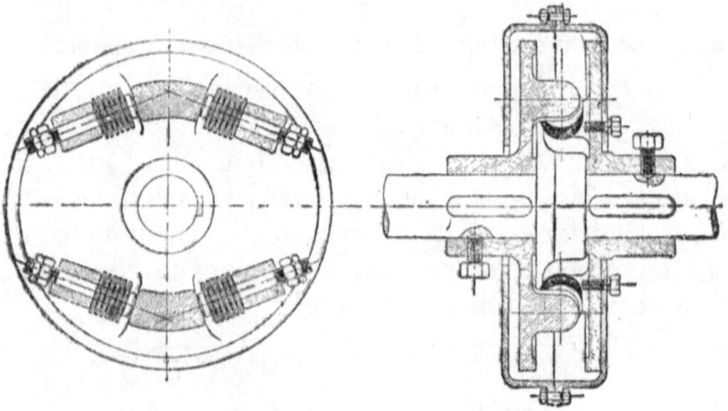

Fig. 79. — Manchon élastique de M. J. Julien.

Quatre tiges réglables garnies de rondelles Belleville forment une très bonne liaison élastique entre les deux plateaux qui sont calés respectivement sur les deux arbres à réunir ; le système de réglage de la pression imposée aux rondelles Belleville permet de modifier le degré d'élasticité du manchon.

Nota. — Les accouplements élastiques sont employés toutes les fois que les arbres accouplés ne reposent pas sur des assises immuables ou qu'ils sont sujets à des vibrations, à des gauchissements ou à des dénivellations peu importantes ; on évite ainsi les chocs et à-coups brusques qui sont de nature à produire l'ébranlement ou la rupture des organes en mouvement ainsi que les vibrations qui, à la longue, détériorent les paliers et appareils intermédiaires. Tels sont les cas d'arbres de grande longueur installés sur des charpentes sujettes à dilatation ou déformation ; d'accouplement direct de moteurs et de machines quelconques, de moteurs et de génératrices. Certains de ces manchons laissent un léger jeu longitudinal aux arbres accouplés, ce qui est avantageux dans la plupart des cas, surtout pour les machines électriques, les pompes centrifuges et les ventilateurs.

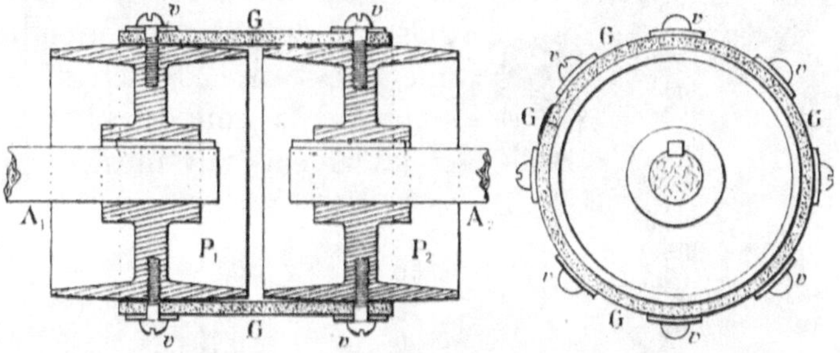

Fig. 79 A. — Manchon à courroie vissée.

La courroie en cuir permet de réaliser d'excellents accouplements élastiques : le plus ancien est constitué par deux poulies de même diamètre (fig. 79 A), mises face à face, sur les jantes desquelles est vissée ou rivée une large courroie. Ce système a l'inconvénient de faire travailler le cuir à la torsion et de ne pas laisser de jeu latéral aux arbres accouplés.

Le manchon d'accouplement représenté en 79 B est composé de deux plateaux concentriques garnis de pivots sur lesquels passe une courroie sans fin ; excellent

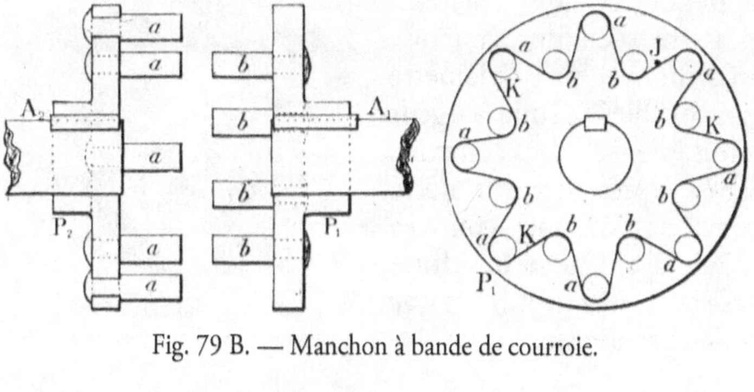

Fig. 79 B. — Manchon à bande de courroie.

Fig. 79 C. – Manchon à bande de courroie.

procédé laissant une grande liberté aux arbres dans tous les sens ; la figure 79 C montre ce manchon. Pour calculer la largeur de la courroie et le diamètre des plateaux, prendre une vitesse de 20 mètres par seconde à la jante des plateaux et des largeurs suivantes :

Courroie simple :

5 chevaux	0,03 m
10 —	0,05 m
15 —	0,08 m
20 —	0,10 m

Courroie double :

25 chevaux	0,08 m
30 —	0,10 m
40 —	0,15 m
50 —	0,20 m

Un autre système (fig. 79 D) comprend deux manchons concentriques dont les jantes cylindriques sont percées de lumières oblongues dans lesquelles on passe une courroie sans fin. Ce système de manchonnage peut être appliqué à des machines puissantes en donnant aux manchons un diamètre convenable et une largeur suffisante à la courroie. Celle représentée sur notre gravure est une courroie Titan ayant une très forte résistance à la rupture et une grande souplesse.

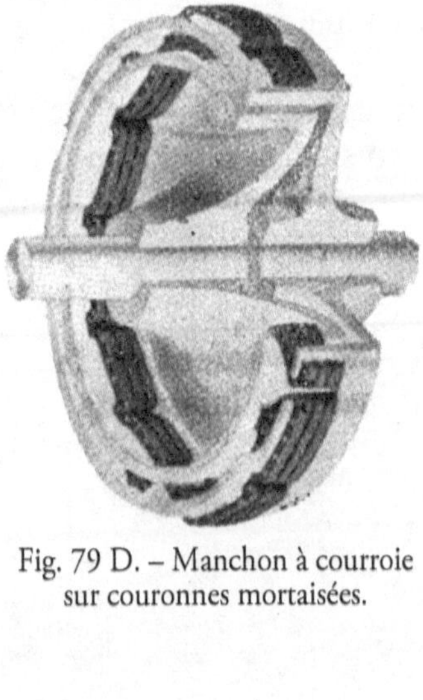

Fig. 79 D. – Manchon à courroie sur couronnes mortaisées.

Arbres désaxés.

Lorsque les arbres accouplés doivent travailler constamment ou accidentellement dans des directions différentes on les réunit par un ***joint de Cardan*** dont nous avons donné la théorie dans le volume I. On a fait beaucoup d'imitations ou de modifications du joint de Cardan, mais il est plus simple et plus pratique de l'employer tel que l'a conçu son inventeur, car il a le meilleur rendement. On en trouve la place dans les arbres de commande des mécanismes, dans les transmissions d'automobiles ; on l'a appliqué à des lignes d'arbres d'hélices de navires en lui donnant d'énormes dimensions ; il a toujours travaillé avec succès. Les joints de ***Clémens*** et de ***Pibet***, décrits par M. Armengaud sont restés dans le domaine des curiosités mécaniques, de même que celui de Reuleaux.

On peut aussi employer l'***accouplement d'Oldham*** dit ***joint à double tournevis*** décrit aussi dans notre volume I.

(Pour les *Embrayages et débrayages*, voir le volume VII de cette Encyclopédie[3].)

3 *Embrayages et freins* (NDE).

Deuxième Partie

ACCESSOIRES DES TRANSMISSIONS

CHAPITRE I

CHAISES ET SUPPORTS

Les chaises supportant les paliers sont

- Les ***chaises sur le sol***, fixées sur le plancher ;
- Les ***chaises pendantes*** ou ***pendarts***, fixées au plafond ;
- Les ***chaises d'applique*** ou ***consoles*** fixées aux murs ou contre poteaux ou colonnes ;
- Les ***chaises en bout*** fixées aux murs perpendiculaires à la transmission ;
- Les ***niches*** pratiquées dans les murs pour le passage ou l'about des arbres ;
- Les ***supports en caniveau*** pour la pose des transmissions en fosses.

Ces chaises peuvent se faire en fer plat ou en fer **U** forgés à la demande, avec pattes à scellement ou pattes s'appuyant sur la surface de soutien sur laquelle elles sont boulonnées ou tirefonnées ; nous reviendrons plus loin sur ces modes de fixation.

Une transmission en fer forgé doit être calculée afin de résister ***sans déformation ni flexion*** à la charge qui lui est imposée par le poids de la transmission, paliers, arbres, poulies et manchons augmenté du tirage des courroies qui se fait verticalement, horizontalement ou obliquement selon les cas particuliers.

Les chaises sur le sol (fig. 80) et les chaises pendantes (fig. 81) se font en prenant à peu près *ca* = *cd* et *ab* = *cd* ; leur forme trapézoïdale leur permet de mieux résister à la traction oblique ou horizontale des courroies ; si l'on craint de ce fait une déformation, il faut les renforcer par un croisillon entre les points *ad* et *bc*, cette sorte de croix de Saint-André étant faite en fer plat sur champ chantourné aux extrémités qui sont rivées sur les montants de la chaise.

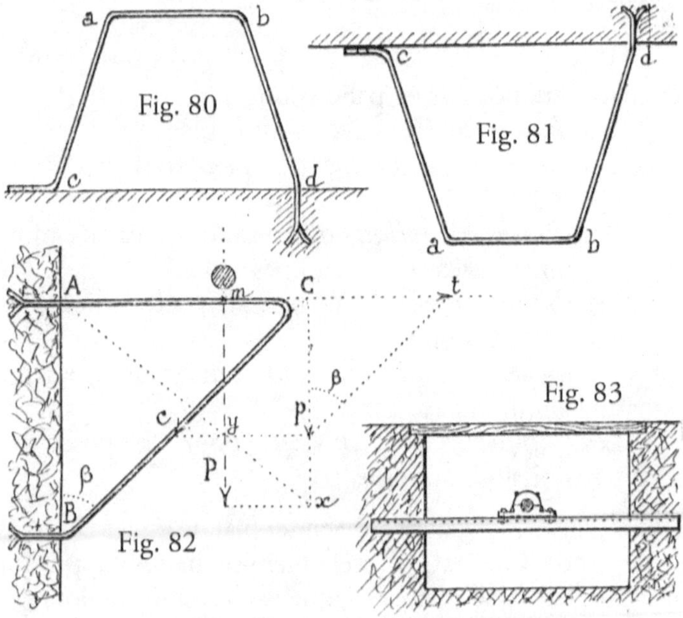

Fig. 80, 81, 82 et 83. — Chaises en fer forgé.

Il suffit alors de calculer la section de la barre de fer plat ou en **U** pour supporter le poids, en traction ou en compression, de la transmission et le tirage des courroies en prenant pour la charge pratique du fer ou acier 4 à 5 kilos par mm^2 de section.

Pour le calcul de la chaise d'applique (fig. 82), déterminez d'abord la charge verticale à l'aplomb de l'arbre de transmission en *m*, soit *m*P cette charge ; la force appliquée en C équivalente à la charge *m*P = P représentée par la force C*p* = *p* telle que C*p* x AC = *m*P x A*m* ou p = (P x Am) / AC.

En décomposant cette force *p* par la règle du parallélogramme des forces, nous pouvons la remplacer par une force de traction C*t* = *t* agissant sur le bras AC et par une force de compression C*c* = *c* agissant sur le bras CB de la chaise et donnant les relations :

$$t / AC = p / AB = c / CB$$

d'où nous tirons :

force de traction $t = (p \times AC) / AB$
force de compression $C = (p \times CB) / AB$

ou, en remplaçant *p* par sa valeur en fonction de P :

$$t = (P \times Am) / AB \quad \text{et} \quad C = (P \times Am) \times CB / AC \times AB$$

Ces forces peuvent se calculer plus facilement en fonction de l'angle β qui fait le bras BC avec la verticale du mur d'appui :

$$t = p \ \mathrm{tg}\beta \quad \text{et} \quad C = p \sqrt{1 + \mathrm{tg}\beta}$$

en calculant d'abord *p* en fonction de P ainsi qu'il est dit ci-dessus.

On fait généralement l'angle β de 45 degrés ; en ce cas AC = AB et tgβ = 1

$$t = (P \times Am) / AB \quad \text{et} \quad C = (P \times Am \times CB) / AB^2$$

ou $t = p$ et $C = p \sqrt{2} = 1{,}414$.

Il faut ajouter à ces forces de traction et de compression les charges provenant du tirage des courroies ; on décomposera ces forces selon leurs directions par un calcul analogue à celui ci-dessus afin d'avoir la valeur des tractions ou compressions qu'elles exercent.

L'emploi du fer **U** pour la fabrication de ces chaises donne évidemment bien plus de rigidité que le fer plat même plus pesant au mètre courant. On met les ailes du fer **U** du côté opposé à la semelle du palier, c'est-à-dire à l'intérieur de la chaise sur le sol ou de la console et à l'extérieur de la chaise pendante, de façon que la semelle du palier porte bien à plat sur l'âme du fer profilé.

Les niches peuvent être simplement formées par deux piédroits et un voutain ou un linteau dans le mur ; on scelle alors sur le mur une semelle en fonte (fig. 28), sur laquelle est boulonné le palier. Les chaises en bout peuvent se faire simplement avec deux fortes pattes à scellement dépassant le mur de 12 à 15 centimètres sur lesquelles on boulonne directement le palier ; pour éviter la flexion de ces pattes en porte-à-faux on les fait avec des bouts de fer **U** ou cornières larges et assez épaisses selon la charge à porter.

Les ***transmissions en caniveau*** se posent sur des barres de fer **U** scellées dans les murs du caniveau, comme le montre la figure 83. On laisse au sommet de ces murs une ***feuillure*** qui reçoit des planches épaisses ou des tôles striées arrasant le niveau du plancher de l'atelier. Ces couvertures de caniveaux doivent être mobiles pour permettre la visite facile de la transmission au moins à l'aplomb des paliers et poulies.

Chaises en fonte et en tôle.

L'industrie nous offre une grande variété de chaises pour transmission ; la figure 84 représente les plus anciens modèles qui étaient pesants mais très rigides, les épaisseurs n'étant pas ménagées et les nervures bien raisonnées.

1. Chaise sur le sol ;
2. Console ou chaise d'applique ;

3. Chaise pendante à deux jambes ;
4. Chaise pendante à une jambe ;
5, Pendart réglable en hauteur et horizontalement ; le palier spécial se fait aussi à billes ou à rotule (fig. 93 et 94) ;
6. Niche en fonte s'encastrant dans la maçonnerie.

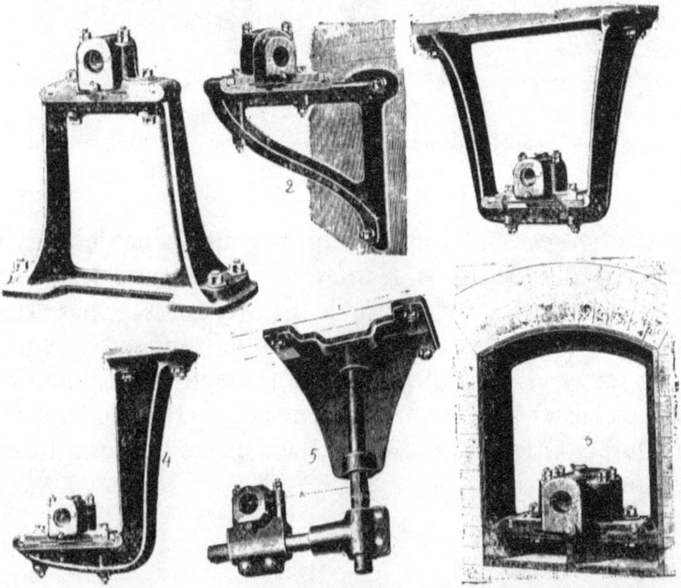

Fig. 84. — Chaises, pendart et niche en fonte.

La figure 85 montre un pendart allégé dans lequel le palier est venu de fonte ; le coussinet à graissage par bague est à rotule ; des poulies pour passer les tirettes de débrayage peuvent se fixer derrière la jambe de cette chaise bien comprise. La figure 86 fait voir une console avec rainure en V renversé pour permettre de régler longitudinalement le palier qui y est fixé au moyen de boulons spéciaux représentés figure 101-4.

Figure 87, chaise console pour palier sans patin qui y est fixé par les boulons serrant le chapeau de palier.

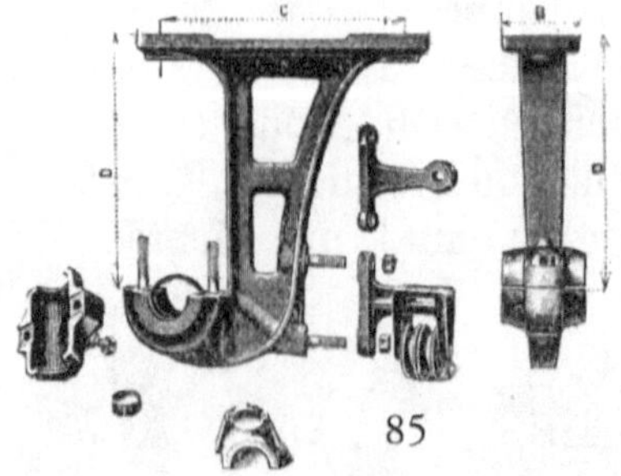

Fig. 85. — Chaise pendante en fonte.

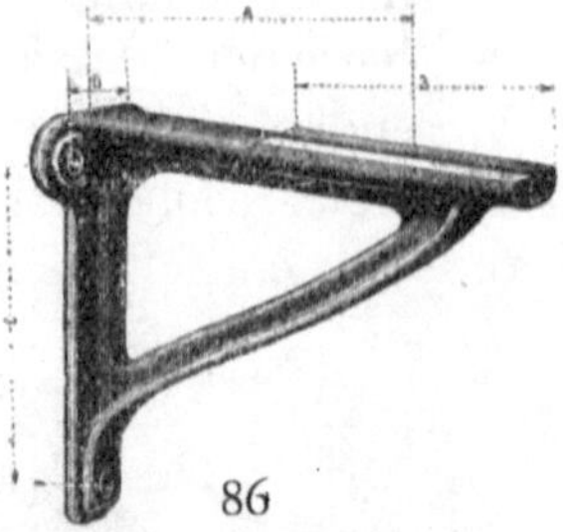

Fig. 86. — Chaise console à rainure.

Les figures 88, 89 et 90 montrent une série de chaises recevant des ***boîtes à rotules*** (fig. 97) remplaçant les paliers habituels : longue portée d'arbre, graissage par deux bagues ; ces boîtes à rotules, en fonte, sont serrées entre deux fortes vis, ce qui permet de les régler en hauteur et de leur laisser prendre exactement la direction de l'arbre ; la figure 90 montre la fixation d'une de ces chaises sur une colonne.

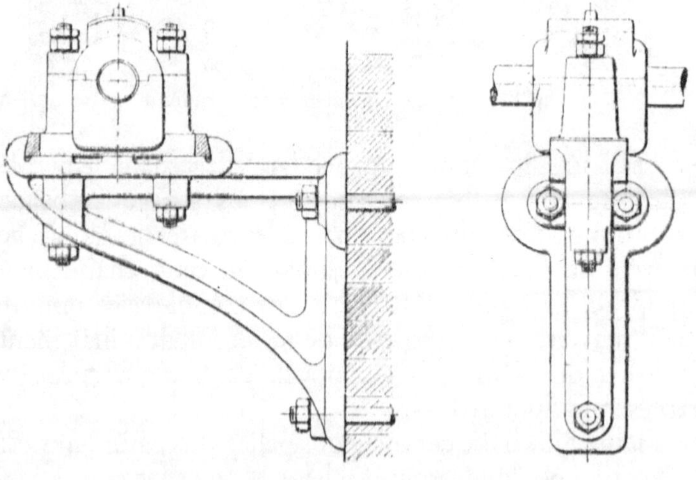

87. — Chaise avec palier à patin coupé.

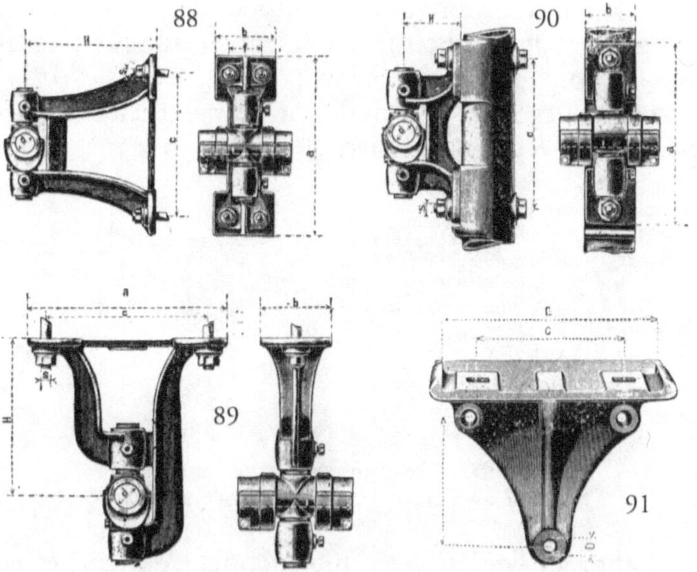

Fig. 88, 89 et, 90. — Chaises avec boîtes rotules.
Fig. 91. — Chaise en bout.

La figure 91 est une chaise en bout recevant l'arbre perpendiculairement au mur d'appui.

Les figures 92 et 95 représentent des supports très simples, cylindriques, sur lesquels se serrent les paliers spéciaux (fig. 93 et 94), lisses à rotule ou à billes ; ces supports conviennent bien pour fixer sur colonnes (fig. 92) ou sur poteaux, car ils ne permettent pas beaucoup d'espace

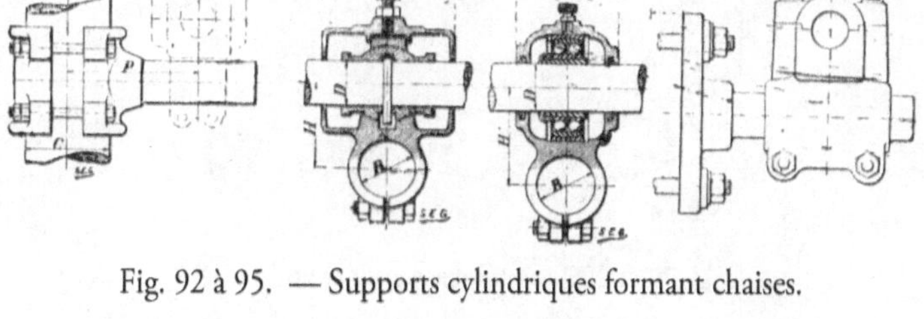

Fig. 92 à 95. — Supports cylindriques formant chaises.

entre le mur et l'arbre de transmission pour le placement des grandes poulies ; cet inconvénient n'existe pas avec les colonnes ou poteaux comme supports.

Les figures 96 et 98 sont des chaises spécialement faites pour être fixées sous les solives en fer **I**.

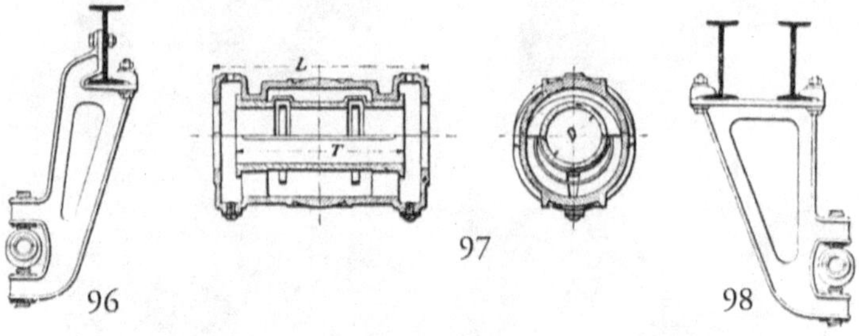

96 97 98

Fig. 96 et 98. — Pendarts fixés aux solives en acier I.
Fig. 97. — Coupes d'une boite à rotule en fonte.

Enfin, les figures 99 et 100 montrent des chaises en tôle emboutie de fabrication anglaise ou américaine dans lesquelles la boîte à rotule est maintenue entre quatre vis réglables en tous sens ; la chaise pendante (fig. 99) peut

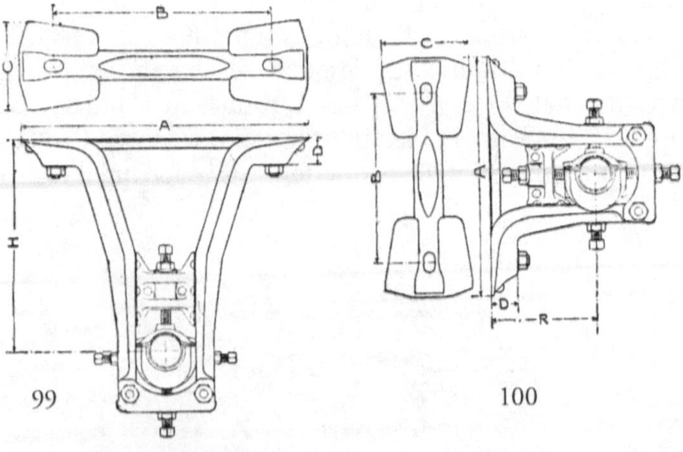

99 100

Fig. 99 et 100. — Chaises en tôle emboutie.

ainsi se placer en chaise console comme figure 100 ; il suffit de tourner le palier d'un quart de tour entre ses vis de fixation.

Les chaises vendues dans le commerce sont cataloguées selon l'alésage des paliers qu'elles doivent recevoir ; leurs fabricants les ont donc calculées en proportion de la grosseur des arbres qui leur permettent d'apprécier environ le poids que chaque chaise doit supporter.

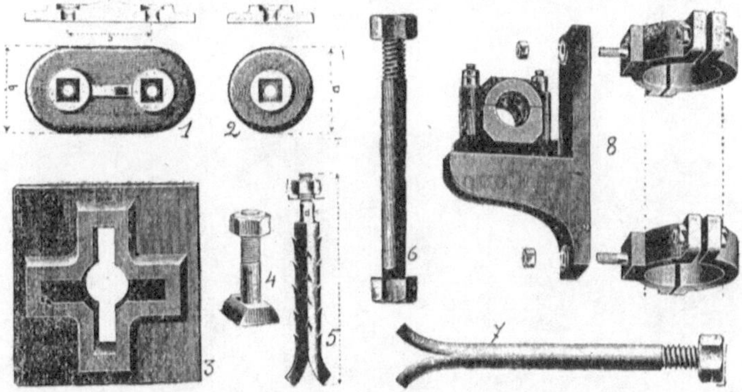

Fig. 101. - Scellements et fixation des chaises.

La figure 101 fait voir les différents organes de fixation des chaises : les contre-plaques en fonte 1 et 2 sont nécessaires pour placer derrière les murs supportant les chaises, afin de répartir la charge sur une surface suffisante de maçonnerie. La plaque 3 scellée dans une fondation permet d'enfiler la tête d'un boulon en forme de T et de le retirer à volonté.

4, 5, 6 et 7 sont les boulons de fixation des paliers et de scellement des chaises.

8 représente des colliers pour fixer les supports sur les colonnes.

Les chaises portant les transmissions principales importantes doivent toujours être boulonnées au travers des murs avec des contre-plaques derrière le mur sous les têtes des boulons.

Les simples scellements ne sont bons que pour les transmissions légères ou secondaires.

La longueur à sceller est prise de un dixième de la portée de la chaise plus 10 centimètres : ainsi une chaise de $0^{m},80$ de portée hors du mur devra être scellée de 8 + 10 = 18 centimètres, en maçonnerie de pierre dure, briques ou béton de portland.

CHAPITRE II

POULIES

Une poulie doit être calculée pour résister absolument à l'effort tangentiel, dont nous avons donné le mode de calcul dans notre volume I ; mais elle doit, en outre, être rigide, indéformable, bien équilibrée et légère afin de charger le moins possible l'arbre de transmission et de ne pas lui communiquer de vibrations par l'effet de son balourd.

Enfin, une poulie bien faite doit déplacer le moins possible l'air dans lequel elle se meut : une poulie n'est pas un ventilateur !

Peu d'industriels se préoccupent de ces détails dans le choix et l'installation des poulies ; il en résulte qu'ils ont des transmissions communiquant une trépidation à tous les bâtiments et absorbant par le simple inutile déplacement de l'air une force totalement perdue. Nous donnons ci-après les moyens de remédier à ces défauts et ce à peu de frais.

L'industrie nous offre les ***poulies en fonte*** à brassure droite ou parabolique (fig. 103) coulées d'une seule pièce, qu'il faut installer sur les arbres de transmission au moment de la mise en place de ces arbres et fixer par des clavetages (fig. 11, 15, 16 et 17). Ces poulies sont rigides mais très lourdes, mal équilibrées, d'usinage coûteux et de pose difficile ; on ne les emploie maintenant que lorsqu'on désire avoir une inertie considérable sur la transmission, c'est-à-dire que la poulie soit en même temps un volant ; la brassure relativement peu résistante et la jante relativement mince de ces poulies ne permet pas de les faire tourner à de grandes vitesses, la fonte résistant mal aux efforts de traction résultant de la force centrifuge : l'éclatement d'une poulie en fonte est toujours à redouter, même à des vitesses circonférentielles ne dépassant pas 15 mètres par seconde ; le froid et les chocs peuvent déterminer des ruptures instantanées dans les bras ou les jantes des poulies en fonte et causer de graves accidents. Pour les vitesses circonférentielles dépassant 15 mètres par seconde, nous préférons d'autres poulies.

Fig. 102. — Poulies en fonte à bras droits.

Fig. 103. — Poulies en fonte à bras courbes.

Afin de donner aux bras de ces poulies le plus de résistance et de légèreté possibles, on fait ces bras droits et de section elliptique, ce qui diminue leur déplacement d'air (fig. 102). Les poulies à bras paraboliques (fig. 103) sont plus lourdes et moins solides que celles à bras droits ; il faut les faire tourner de façon que les bras piochent, c'est-à-dire tournent la pointe en avant.

Nous donnons ci-après le tableau des poids des poulies en fonte en une pièce ; il y a pour chaque type un poids correspondant à la ***série légère*** et un poids correspondant à la ***série forte***.

Les poulies en fonte en deux pièces sont d'abord coulées d'une seule pièce puis fendues en deux avec des scies spéciales. Elles peuvent entraîner l'arbre par simple serrage sans clavetage ; on en réduit à volonté l'alésage par des manchons (fig. 111) ou des coquilles demi-cylindriques comme celles que l'on voit en avant de la figure 102.

Les poulies en fonte de diamètre jusqu'à 0^{m},50 environ destinées à des machines à grande vitesse, telles que dynamos, pompes centrifuges, etc., se font à toile pleine et

104 105 106

Fig. 104 à 109. — Poulies en tôle, brassure en fer, moyeu fonte, en deux pièces.

non à bras ; l'âme de la poulie étant ainsi sans ouvertures ne déplace pas l'air comme le font le bras, et il en résulte une marche silencieuse et une économie de force. Voici les proportions des poulies en fonte, R étant le rayon, C la largeur de la courroie et A l'alésage.

Épaisseur au bord de la jante	=	0,03 C + 0,005 R
Largeur de la jante	=	1,2 C
Bombement de la jante, flèche	=	0,03 C
Dépouille intérieure sous la jante	=	0,06 C
Épaisseur de la jante en son milieu	=	0,12 C + 0,005 R
Diamètre extérieur du moyeu	=	A + 0,6 C
Portée du moyeu	=	0,8 à 1,4 C
Épaisseur des bras au moyeu	=	0,18 C
– à la jante	=	0,12 C
Largeur des bras	=	$\sqrt{50 R/6}$

Pour les poulies à toile pleine on fait l'épaisseur de la toile égale à l'épaisseur au milieu de la jante, soit 0,12 C + 0,005 R.

On fait des poulies en fonte avec une ou deux joues pour les scies à ruban, les poulies travaillant horizontalement ou obliquement et pour certaines poulies de débrayage ; la hauteur de la joue en sus du diamètre de la poulie est d'environ un tiers de la largeur de la jante (voir poulies folles, fig. 124).

Quand une poulie doit recevoir deux courroies sur sa jante, on fait venir de fonte une joue séparant la jante en deux parties et chacune de ces parties doit être bombée proportionnellement à sa largeur de façon que chaque courroie travaille comme si elle était seule sur une poulie isolée.

1°. Les ***poulies à moyeu déporté*** (fig. 113) s'emploient sur les dynamos et les pompes centrifuges pour diminuer le porte-à-faux de l'arbre moteur ; les cônes étagés (fig. 114) se font avec le moyeu ayant environ moitié de la longueur du cône et chambré intérieurement pour permettre au besoin une réserve de graisse.

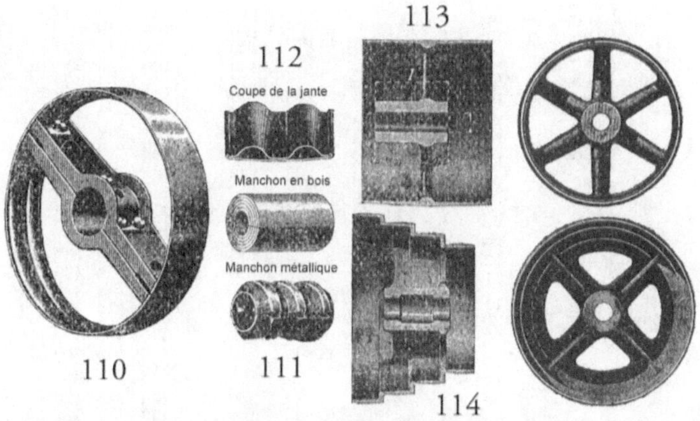

Fig. 110 à 112. — Poulie en tôle emboutie et manchons de moyeu.
Fig. 113. — Poulie fonte à moyeu déporté.
Fig. 114. — Cône étagé, en fonte.

POIDS DES POULIES EN FONTE EN UNE PIÈCE LES POULIES EN 2 PIÈCES PÈSENT 12 A 15 POUR CENT EN PLUS

(Poids bruts de fonderie.)

Diamètre	Largeur	Poids selon force
150	50....	2 » à 4 k.
	70....	3 » à 5,50
	90....	3,50 à 7 »
160	50....	2,20 à 4,50
	70....	3 » à 6 »
	90....	3,70 à 7,50
190	50....	2,75 à 5,50
	70....	3,50 à 7,25
	90....	4 » à 9 »
200	50....	2,80 à 5,50
	70....	3,75 à 7,25
	90....	4,50 à 9 »
220	60....	4 » à 6 »
	80....	5 » à 8 »
	100....	6 » à 11 »
240	60....	3,70 à 4,50
	80....	6 » à 9 »
	100....	7 » à 11 »
250	70....	5 » à 8 »
	90....	6 » à 9 »
	110....	7 » à 12 »
170	50....	2,40 à 4,50
	70....	3,20 à 6,25
	90....	4 » à 8 »
180	50....	2,50 à 4,75
	70....	3,40 à 6,50
	90....	4 » à 8,50
700	80....	32 » à 40 »
	150....	60 » à 69 »
	200....	75 » à 85 »
	300....	105 » à 112 »
800	100....	45 » à 65 »
	150....	60 » à 80 »
	200....	100 » à 110 »
	300....	125 » à 135 »
900	100....	51 » à 75 «
	150....	73 » à 95 »
	200....	110 » à 128 »
	300....	130 » à 150. »
1.000	100....	55 » à 80 »
	150....	95 » à 116 »
	200....	115 » à 140 »
	300....	170 » à 230 »

275	80....	8 » à 10 »
	100....	11 » à 14 »
	120....	13 » à 16 »
300	80....	9 » à 11 »
	100....	12 » à 15,50
	120....	16 » à 19 »
325	80....	11 » à 10,50
	100....	14 » à 16,50
	120....	18 » à 21 »
350	80....	11 » à 12 »
	100....	14 » à 17 »
	120....	20 » à 22 »
375	70....	9 » à 11 »
	90....	12 » à 15 »
	130....	21 » à 25 »
400	80....	11 » à 17 »
	110....	20 » à 22 »
	130....	22 » à 27 »
450	80....	14 » à 18 »
	110....	17 » à 26 »
	140....	28 » à 37 »
500	80....	20 » à 26 »
	120....	25 » à 36 »
	150....	35 » à 43 »
	200....	50 » à 58 »
600	80....	24 » à 33 »
	150....	50 » à 58 »
	200....	67 » à 74 »
	300....	
1.100	110....	67 » à 90 »
	150....	96 » à 120 »
	200....	118 » à 150 »
	300....	190 » à 280 »
1.300	150....	140 » à 160 »
	200....	195 » à 210 »
	250....	224 » à 243 »
	350....	305 » à 330 »
1.500	160....	160 » à 175 »
	220....	240 » à 270 »
	280....	340 » à 360 »
	350....	435 » à 450 »
1.600	135....	150 » à 160 »
	180....	260 » à 290 »
	250....	350 » à 375 »
	300....	423 » à 442 »
1.800	200....	330 » à 347 »
	250....	437 » à 460 »
	300....	510 » à 526 »
2.000	250....	460 » à 476 »
	300....	558 » à 574 »
	350....	660 » à 676 »
2.200	250....	650 » à 660 »
2.450	250....	740 » à 750 »
2.500	300....	870 » à 890 »

2. Les ***poulies en tôle et en acier*** sont plus légères que celles en fonte et beaucoup plus solides, ne risquant pas de se fendre ni d'éclater inopinément. Les poulies en acier jusqu'environ 0^{m},80 de diamètre pèsent moitié moins que celles en fonte et, au-dessus d'un mètre de diamètre, elles pèsent trois fois moins ; certains types, comme les poulies globe (fig. 110) pèsent trois et quatre fois moins que celles en fonte de même dimensions.

Les poulies en acier représentées par les figures 104 à 108 sont toujours constituées par une jante en tôle d'un à deux ou trois millimètres d'épaisseur et d'une brassure simple ou composée de fers à **T** ou à **U** fixés au moment de la fonte dans un moyeu en fonte ; les figures ci-après montrent :

104. Brassure simple en fers ronds ou olives ;

105. Brassure simple renforçant la jante, en fers demi ronds ;
106. Brassure simple en fers à T renforçant la jante ;
107. Brassure double en fers à T ;
108. Brassure double en fers demi-ronds ;
109. Poulie à joues, jante en tôle d'acier rivée, brassure en fers à T ;
110. Poulie en tôle emboutie, très légère et rigide ; la figure 112 montre la coupe de la sous-jante en tôle d'acier ondulée, sertie contre la jante ; le moyeu à grand alésage se serre sur des manchons en bois ou en métal embouti, figure 111 qui existent pour toutes les grosseurs d'arbres. Toutes les poulies en acier sont en deux pièces et tiennent sur l'arbre sans clavetage, mais on peut y mettre une clavette très facilement si l'on craint le glissement.

3. Les ***poulies en bois*** répondent à tous les besoins du moment que la transmission est dans un endroit couvert, non humide ni exposé à des vapeurs qui feraient travailler et décoller les éléments composant la poulie. Elles sont avantageuses par leur légèreté, leur bon marché, la facilité de les poser et serrer sur les arbres de transmission ***sans clavetage***, mais surtout par la bonne adhérence des courroies sur la jante en bois ; le coefficient de frottement du cuir sur jantes en chêne est de 0,25 à 0,30 et sur jantes en peuplier, il peut atteindre 0,35 ; il serait environ double du coefficient de frottement du cuir sur fonte ou acier polis ; la courroie peut donc transmettre une puissance égale avec une tension moindre. Les poulies en bois se font en deux pièces comme le montre la figure 115 ; celles d'un diamètre supérieur à $0^{m},30$ et jusqu'à $2^{m},50$ sont constituées par des ***segments*** découpés dans des planches de peuplier, collés et

cloués ensemble et assemblés sur deux traverses en hêtre ou en chêne formant le moyeu de la poulie ; on y met des bras perpendiculaires, comme on le voit en 1 (fig. 115), quand la poulie doit supporter de grands efforts.

Fig. 115. – Poulies en bois.

Les petites poulies et les cônes étagés se font en bois plein, toujours en deux pièces assemblées par boulons et vis, comme représenté en 4 et 5 (fig. 115).

Dans notre livre sur le *Travail du Bois, deuxième volume*, nous avons donné des détails précis sur la fabrication des poulies en bois qui est très simple et à la portée des mécaniciens, modeleurs et menuisiers.

On trouve dans le commerce les poulies en bois faites en série pour toutes les dimensions courantes ; leur alésage est généralement de 60 millimètres et on y met des manchons de réduction ou ***coquilles*** représentées en 3 sur la figure 115.

Le seul défaut des poulies en bois est de ne pas pouvoir supporter de très grandes vitesses de rotation.

Les poulies faites en série ne doivent pas dépasser 15 mètres de vitesse circonférentielle par seconde ; celles faites spécialement avec soin, épaisseur convenable et bras perpendiculaires peuvent aller à 20 mètres de vitesse circonférentielle par seconde. Nous extrayons de notre livre sur le *Travail du Bois* le tableau suivant :

NOMBRE DE TOURS PAR MINUTE SELON LE MODE DE CONSTRUCTION DES POULIES EN BOIS.

	Sans bras perpendiculaire (fig. 115-2).			
	Légères		Ordinaires	
Diamètre en mm.	Tours par minute	Épaisseur de la jante	Tours par minute	Épaisseur de la jante
300	500	20	800	25
500	300	25	500	30
750	200	30	350	35
1.000	150	35	300	45
1.500	100	40	200	50
2.000	75	45	150	55
2.500	60	50	100	60

	Avec bras perpendiculaire (fig. 115-1).			
	Fortes		Très fortes	
Diamètre en mm.	Tours par minute	Épaisseur de la jante	Tours par minute	Épaisseur de la jante
300	1.200	30	1.500	40
500	600	35	750	45
750	400	40	500	50
1.000	300	50	400	60
1.500	250	55	300	65
2.000	200	60	225	70
2.500	150	65	175	75

En commandant une poulie en bois à un fabricant, il faut toujours lui indiquer la vitesse de rotation et la puissance à transmettre, en outre des constantes habituelles : diamètre, largeur et alésage. On a fait des poulies en bois courbé avec moyeu métallique, la figure 115 *ter* en montre une, de fabrication américaine ; les bras sont assemblés sur la jante par des boulons et la jante est faite de deux planches courbées raccordées par deux plaques d'acier ; des poulies en carton ou papier comprimé ; nous les mentionnons pour mémoire, la poulie en bois collé-cloué telle qu'on la construit en France est aussi bonne sinon meilleure que ces poulies de fabrication étrangère ; je connais des poulies en bois qui tournent depuis plus de vingt ans et sont encore en parfait état. Quelquefois, par les temps de grande sécheresse, la poulie en bois glisse sur l'arbre de transmission, il suffit alors de resserrer les boulons d'assemblage de ses pièces de moyeu. Les poulies en bois peuvent être employées comme poulies folles en les montant sur une bague en fonte, en bronze ou en anti-friction, avec dispositif de graissage représenté figure 117.

Poulies bois et acier.

La figure 115 *bis* montre une ***poulie mixte*** avec jante d'acier et brassure en bois inventée par MM. Gobey, Barberet et Cie, à Roanne ; cette conception est rationnelle,

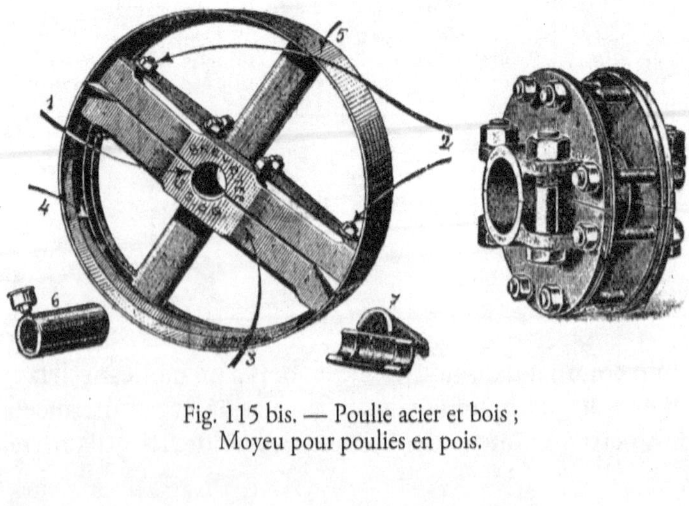

Fig. 115 bis. — Poulie acier et bois ;
Moyeu pour poulies en pois.

1. Alésage fait sur le tour,
2. Boulons assemblant la jante avec la brassure.
3. Brassure en bois.
4. Contrefort en fer U sous la jante.
5. Jante en tôle d'acier.
6. Douille pour poulie folle.
7. Coquilles de réduction d'alésage.

car les poulies en bois périssent généralement par la jante. On construit des poulies en bois avec moyeu métallique représenté à droite de la figure 115 *bis* ; ce genre de moyeu s'applique bien aux poulies en bois courbé figure 115 *ter*.

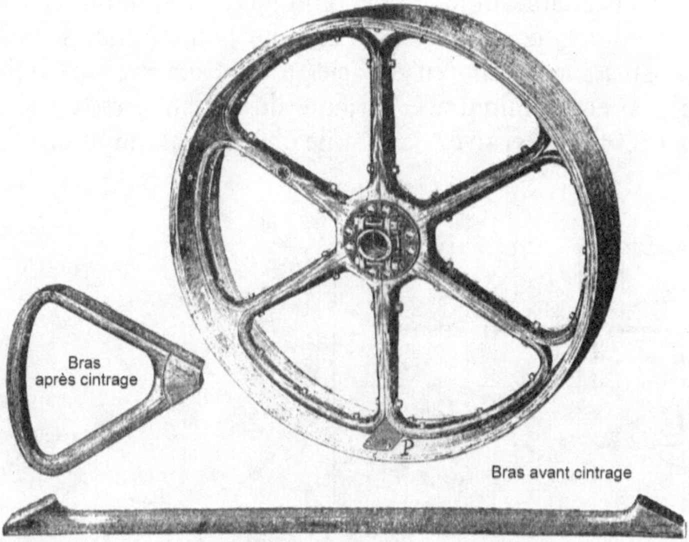

Fig. 115 ter. — Poulie en bois courbé.

Moyeu en fonte pour poulie en bois.

Ce moyeu est obtenu en faisant tomber, sur le tour, la jante d'une poulie en fonte de petit diamètre et à toile pleine ; la poulie en bois massif est en deux pièces, comme le montre la figure 116 ; le tout est assemblé par quatre boulons de 8 millimètres passés au travers de la toile du moyeu en fonte, ce qui donne un ensemble tournant bien rond, correctement claveté sur l'arbre du moteur et indéformable. Bon pour dynamos à grande vitesse.

Poulies aluminium-acier.

Les poulies en aluminium coulé ne sont pas intéressantes parce que ce métal ne permet pas un clavetage solide et, malgré sa faible densité, une poulie en aluminium n'est pas plus légère qu'une en tôle d'acier.

Cependant, un intéressant emploi de l'aluminium a été fait pour la construction de grandes poulies pour scies à ruban : sur un moyeu en acier tourné on rive une toile pleine en aluminium et la jante de la poulie est en tôle d'acier frettée et rivée sur la toile pleine en aluminium.

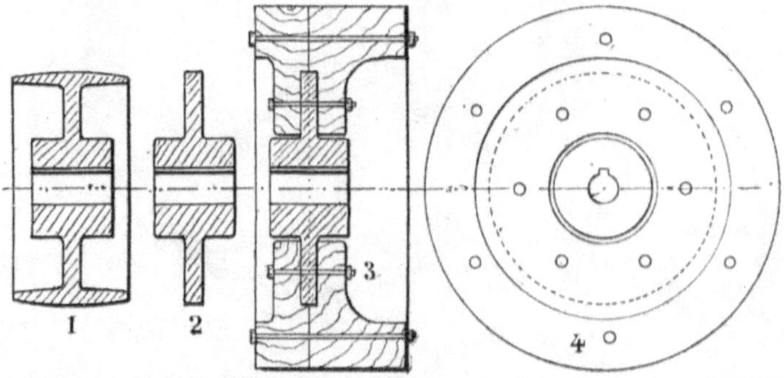

Fig. 116. — Poulie bois sur moyeu fonte.

Ces poulies tournant à 850 tours par minute avec un diamètre d'un mètre et une vitesse tangentielle de 2 932 mètres par minute, soit 49 mètres par seconde, résistent parfaitement et ne risquent pas d'éclater.

La vitesse a été poussée à plus de 3 000 mètres par minute sans inconvénient.

Tambours.

On nomme tambours les poulies dont la jante est très large et ***non bombée***, ce qui permet à la courroie de se déplacer sur toute la largeur du tambour qui commande généralement une poulie fixe et une poulie folle (voir au chapitre : *Courroies*). La figure 108 représente un tambour.

Équilibrage.

On ne devrait jamais monter une poulie sur un arbre de transmission sans s'assurer qu'elle est ***parfaitement équilibrée***, c'est-à-dire qu'une partie de sa surface n'est pas plus lourde que l'autre ; en un mot, qu'elle n'a pas de balourd en tournant autour d'un axe.

Rappelons-nous que, même une poulie en fonte ***tournée partout***, c'est-à-dire ayant une parfaite symétrie de toutes ses parties, peut fort bien avoir du balourd, attendu que certaines parties de la fonte sont plus poreuses et plus légères que d'autres : ce sont celles qui se sont trouvées dans la partie la plus haute du moule de fonderie.

Or, une poulie qui a du balourd impose une déformation et une vibration constantes à l'arbre de transmission, ces inconvénients étant proportionnels au ***carré de la vitesse de rotation***. Maintenant que les grandes vitesses sont la règle en mécanique, il faut donc absolument équilibrer les poulies des machines et des transmissions ; les fabricants de moteurs électriques et surtout de machines à travailler le bois, tournant toutes à très grandes vitesses prennent, à cet égard, les plus grandes précautions en réservant des ***masselottes*** à la jante des poulies afin de pouvoir enlever du poids du côté qu'il faut pour obtenir un équilibrage absolument parfait.

Pour arriver à ce résultat sur une poulie quelconque, montez-la sur un bout d'arbre que vous posez sur deux barres de fer bien horizontales ; le côté lourd de la poulie descendra. Enlevez de la matière sur ce côté lourd, soit en le meulant intérieurement, soit en perçant des trous de 10 ou 12 mm dans la jante jusqu'à ce que la poulie reste en équilibre dans n'importe quelle position.

Ayant eu un jour à équilibrer une poulie en fonte de 40 centimètres de diamètre sur 20 centimètres d'épaisseur, j'ai dû faire percer plus de 150 trous d'un côté de la jante pour arriver à équilibrer cette masse de fonte qui tournait à 1 000 tours par minute ; sans cela elle aurait eu un balourd intolérable.

Poulies folles.

L'installation des poulies folles est généralement faite d'une façon très sommaire ; on se borne à mettre sur l'arbre de transmission une poulie simplement percée, en son moyeu, d'un trou de graissage et il en résulte que la poulie mal graissée use l'arbre et ne tarde pas à prendre du jeu et à faire un bruit désagréable.

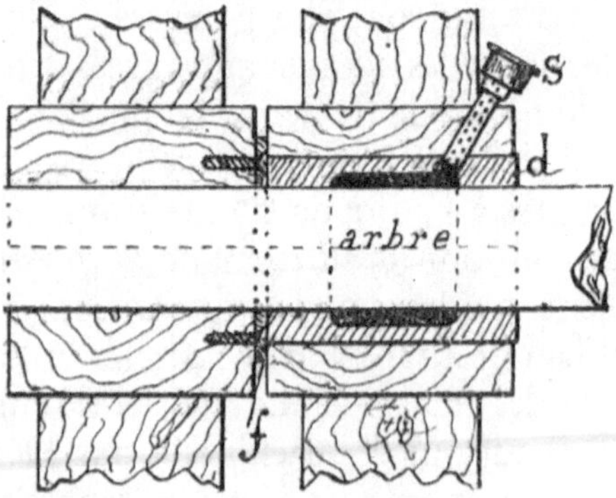

Fig. 117. — Douille pour poulie folle et graissage Stauffer.

Le graissage rationnel d'une poulie folle en bois, fonte ou en tôle est indiqué figure 117 : une douille en fonte, en bronze ou en anti-friction *d* est chambrée intérieurement sur environ la moitié de sa longueur et pourvue d'un graisseur Stauffer S ; au montage, on remplit la chambre de graisse et ensuite le graisseur assure pour longtemps la bonne lubrification. Notre dessin (fig. 117), représente ladite douille sur une poulie folle en bois qui est alors séparée de la poulie fixe, aussi en bois, par une plaque de frottement *f* de 5 à 6 millimètres d'épaisseur vissée dans la poulie fixe. On trouve dans le commerce des douilles en bronze pour poulies folles (fig. 118, Piat) ; elles sont creusées de fortes pattes d'araignées contenant la réserve de graisse.

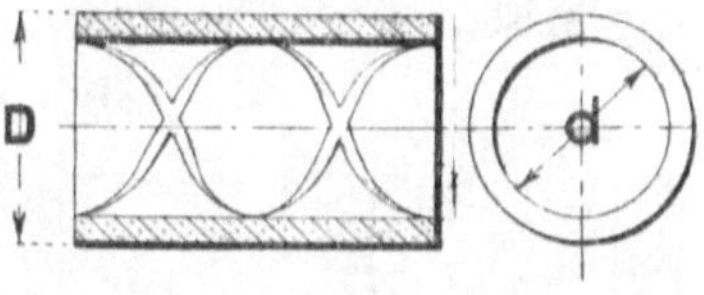

Fig. 118. — Douille pour poulie folle.

M. Teste a imaginé de poser sur l'arbre une douille fixe (fig. 120) sur laquelle roule la poulie folle ; de cette façon l'arbre ne s'use pas. Cette douille est creuse, elle est en une ou deux pièces et munie de lumières de graissage ; les parties comprises entre l'arbre et ces lumières servent de réservoir à graisse.

Si l'arbre tourne, la poulie folle restant immobile, le graissage s'opère sous l'effet de la force centrifuge qui projette la graisse contre les lumières d'admission. Si au contraire, la poulie tourne sur un arbre fixe, le graissage s'opère sous l'effet de la pesanteur par les lumières inférieures de la douille. Quelquefois, on se borne à fixer sur l'arbre une douille en fonte (fig. 128) sur laquelle tourne la poulie folle ; quand cette douille est usée on la remplace mais l'arbre n'est pas touché (fig. 119).

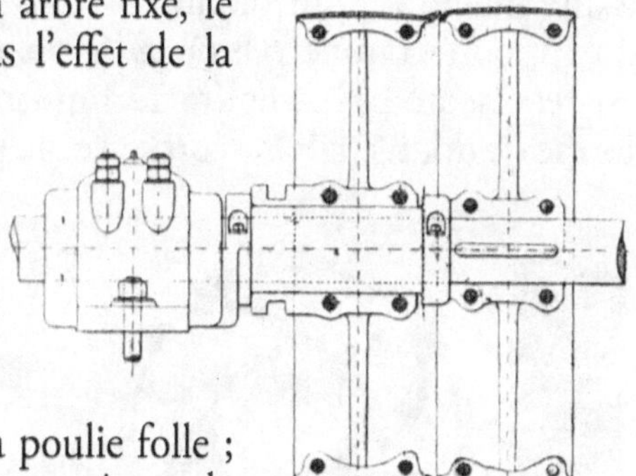
Fig. 119. — Poulie folle sur support.

La société d'Engins graisseurs fait des poulies folles (fig. 121) dont le moyeu forme réservoir d'huile, tandis que la douille de frottement est garnie d'un certain nombre de rotins qui lubrifient constamment l'arbre. Les poulies folles montées sur roulements à billes sont évidemment les meilleures ; la figure 122 en montre un spécimen (R. B. F.) dont le moyeu largement chambré constitue un réservoir de graisse pour longtemps.

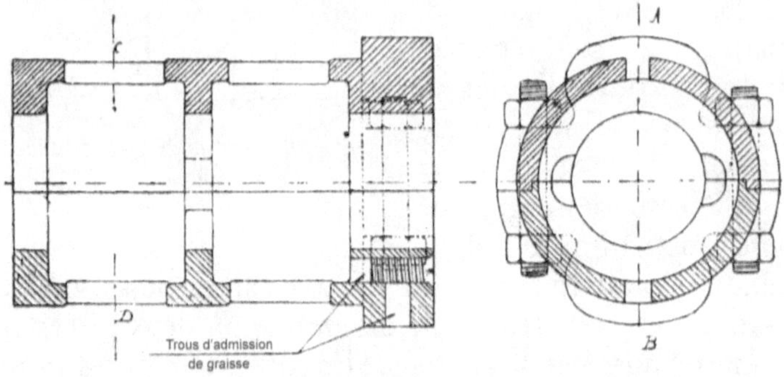

Fig. 120. — Fourreau pour poulie folle (Teste).

Quand on désire qu'une poulie folle n'ait pas de frottement sur l'arbre quand elle ne tourne pas, c'est-à-dire quand la courroie ne travaille pas, on la monte sur un support comme ***poulie folle dormante*** ; ce dispositif est représenté par la figure 123 qui montre le support en forme de douille faisant corps avec le palier, et par la figure

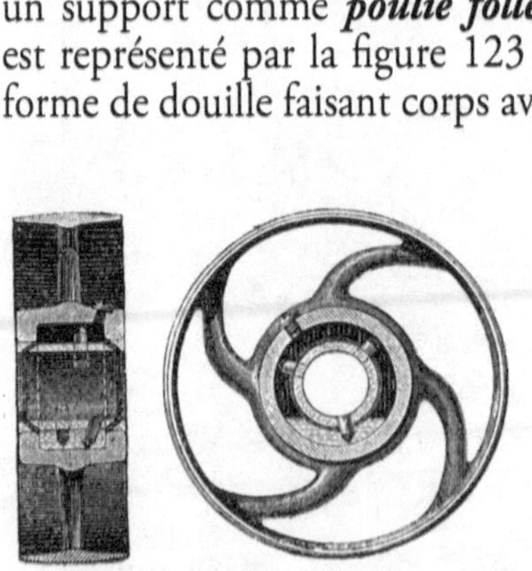

121

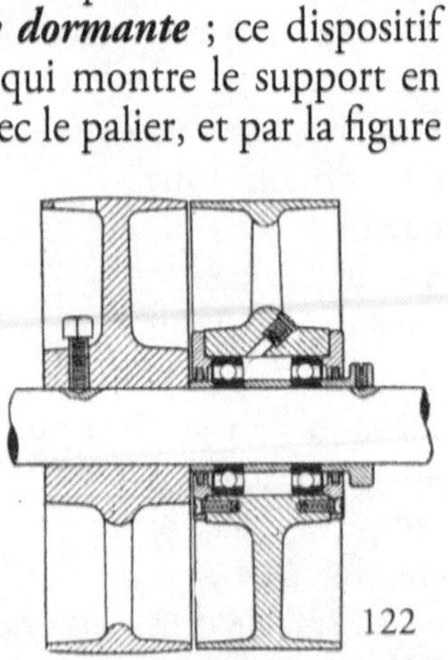

122

Fig. 121. — Poulie folle avec graissage à rotins.
Fig. 122. — Poulie folle montée sur roulements à billes.

124 qui montre le mécanisme de translation de la courroie entre la poulie fixe et la poulie folle dormante, celle-ci étant d'abord poussée contre la poulie motrice qui l'entraîne en rotation, ce qui permet à la courroie de passer facilement d'une poulie sur l'autre ; il y a, à cet effet, deux chaînettes de manoeuvre d'embrayage.

123

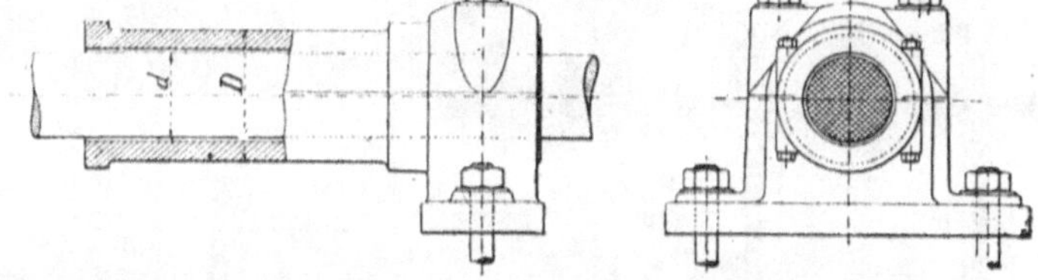

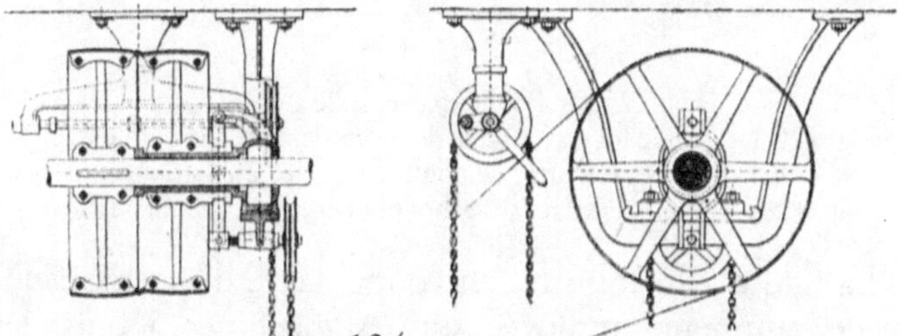

124

Fig. 123. — Support-douille pour poulie folle dormante.
Fig. 124. — Mécanisme de translation de la courroie sur poulie folle dormante.

Le diamètre de la poulie folle doit toujours être plus faible que celui de la fixe, de façon que la courroie soit légèrement détendue quand elle est sur la poulie folle, ce qui lui permet de reprendre son élasticité tout en diminuant la pression du frottement sur l'arbre.

On peut faire cette différence de diamètre entre 5 mm pour les petites poulies et 12 mm pour celles de plus d'un mètre de diamètre (fig. 122 et 124). Quand on veut détendre beaucoup la courroie sur la poulie folle, on diminue considérablement son diamètre et on lui adjoint une partie conique servant de rampe pour permettre à la courroie de monter sur la poulie fixe.

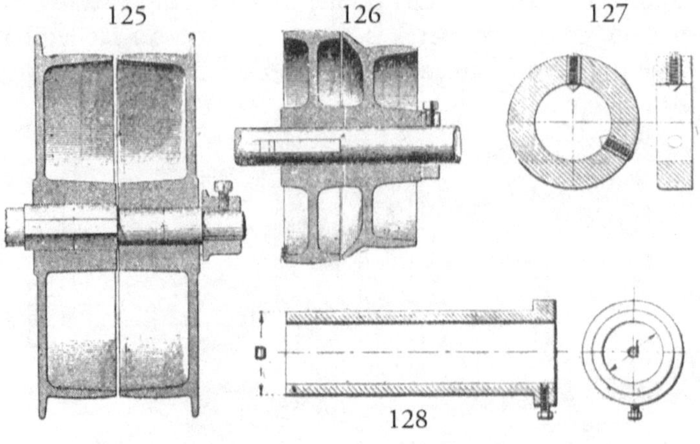

Fig. 125. — Poulies fixe et folle à joues.
Fig. 126. — Poulie folle avec cône de raccordement à la poulie fixe.
Fig. 127. — Bague d'arrêt de poulie folle avec 2 vis pointeau.
Fig. 128. — Douille à fixer sur arbre pour recevoir la poulie folle.

La figure 126 montre, en coupe, cette disposition qui est couramment employée sur les machines à bois, les perceuses et fraiseuses où les courroies fatiguent beaucoup. Un avantage supplémentaire de ce procédé est que la courroie n'a pas tendance à monter seule sur la poulie fixe, ce qui arrive quelquefois quand les poulies sont d'égal diamètre. La figure 125 montre l'ensemble de deux poulies fixe et folle à joues ; les joues ne sont utiles que sur de petites poulies débrayant ou embrayant très souvent ; par exemple sur certaines machines-outils et sur les cônes étagés des tours où l'on fait passer à la main la courroie d'un étage à l'autre. La figure 127 montre en coupe une bague d'arrêt pour poulie folle, avec deux vis pointeau à 120° l'une de l'autre. Nous avons donné les proportions de ces bagues au début de ce volume.

CHAPITRE III

RENVOIS, TENDEURS ET ENROULEURS

Renvois.

Les renvois sont de petites transmissions destinées à commander individuellement une machine-outil ; on les fixe généralement au plafond ou contre un mur pour le service des machines à métaux (fig. 129 à 132) et sur le sol pour les machines à bois (fig. 135).

PROPORTIONS DES RENVOIS DE TRANSMISSION.

Arbres { Diam. m/m Long. m/m	25 1.000	30 1.100	35 1.100	40 1.150
Poulies { Diam. m/m Larg. m/m	150 90	180 120	225 130	275 140
Haut. d'axe var. de............	350-450	350-450	350-450	350-450
Arbres { Diam. m/m Long. m/m	45 1.200	50 1.300	55 1.450	60 1.600
Poulies { Diam. m/m Larg. m/m	300 160	300 160	350 180	350 180
Haut. d'axe var. de............	450-550	450-550	500-600	500-600

Le renvoi simple est constitué par un arbre portant poulie fixe et folle recevant la courroie motrice, et une poulie ou bien un cône étagé pour commander la machine réceptrice ; un débrayage, composé d'une tringle coulissante portant des fourchettes, permet de faire passer à volonté, la courroie motrice, sur les poulies folle ou fixe.

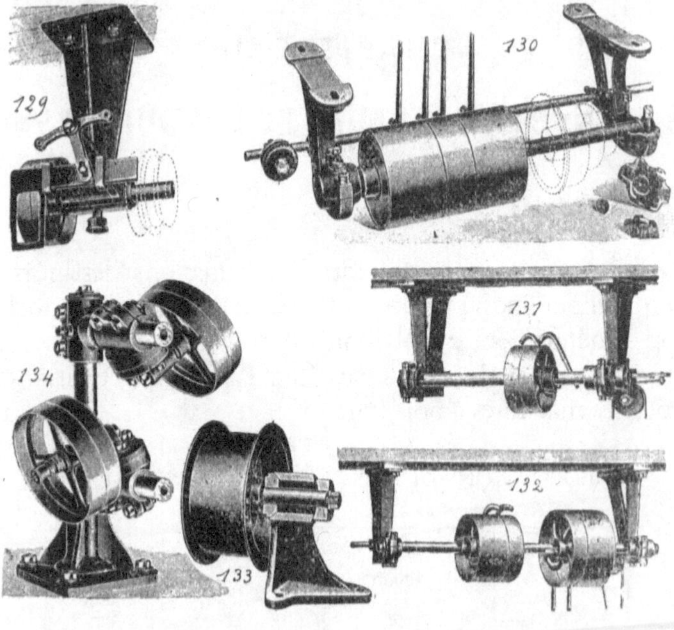

Fig. 129 à 132. — Renvois pour machines-outils.
Fig. 133. — Galopin pour diriger les courroies.
Fig. 134. — Renvois universels.

Les renvois pour machines à travailler les métaux se font avec arbres de 30 à 50 millimètres de diamètre, selon la force absorbée, la longueur d'arbre variant de 1 mètre à 1^{m},60 selon la grandeur des poulies ; voici les proportions des renvois normaux montés sur pendants à rotule (fig. 131 et 132). La figure 129 représente un petit renvoi pour commande de très petites machines par courroie ronde ou plate ; le débrayage est fait par un levier basculant mû par deux tirettes.

La figure 130 montre le renvoi ordinaire pour tour parallèle avec 3 poulies dont deux tambours fous sur l'arbre et une poulie entraînant l'arbre du renvoi ; le cône d'attaque du tour est indiqué en pointillé. Ce renvoi permet la marche avant par courroie droite et la marche arrière par courroie croisée à la même vitesse. Voici les proportions de ces renvois très fréquemment employés :

Proportions des renvois pour tours parallèles (fig. 130).

ARBRE		POULIES			Hauteur d'axe des chaises
Diamètre	Longueur	Diamètre	Largeur de la poulie fixe	Largeur des poulies folles	
m/m	m/m	m/m	m/m	m/m	m/m
25	700	150	45	90	180
30	780	180	60	120	180
35	900	225	65	130	280
40	1.300	275	80	160	280
45	1.400	300	90	180	325
50	1.600	350	100	200	325
55	1.800	400	120	240	350
60	2.200	550	a60	320	350

Le renvoi figure 132, aussi pour un tour, permet la marche avant et la marche arrière par une courroie droite et une croisée, mais à des vitesses différentes.

Fig. 135. — Renvoi pour machine à bois à deux vitesses.

Généralement on fait, la marche arrière plus rapide que la marche avant afin d'accélérer le retour en arrière de l'outil ; les poulies réceptrices du renvoi sont donc de diamètres assez différents. La figure 131 est un renvoi pour machine à percer, meule, ou machine simple tournant toujours dans le même sens.

La figure 136 montre, en coupe, un renvoi de tour monté sur billes partout (R. B. F.).

Renvois universels — Galopins.

Quand on veut soutenir ou diriger obliquement une courroie, on la fait passer sur un ***galopin*** avec ou sans joues ; la figure 133 représente un de ces galets monté sur un axe orientable car il est supporté par une sorte de rotule que l'on voit en coupe sur notre gravure.

La figure 134 montre l'équipement de deux galopins sur un support qui peut être fixé au sol, au mur ou au plafond ; ceci constitue un renvoi universel qui permet de diriger, de la manière la plus simple et la plus sûre, les deux brins d'une courroie passant sur des poulies motrice et réceptrice situées dans des plans quelconques.

Les poulies de renvoi montées sur cet appareil peuvent être orientées dans toutes les positions de l'espace, par suite de leur montage spécial sur des bras à coulisses et plateaux tournants. Ce renvoi est universel, en ce sens qu'il satisfait complètement à l'établissement rigoureux d'une transmission par courroie torse dans tous les sens (*Piat*) (voir plus loin, courroies demi-croisées, torses, etc.).

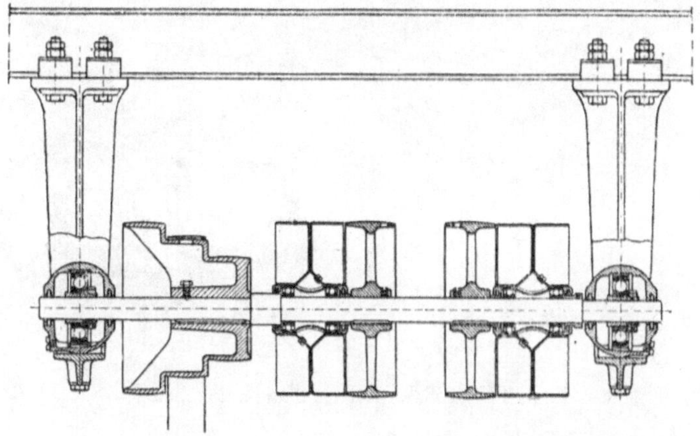

Fig. 136. – Renvoi monté sur roulements à billes (R. B. F.).

Renvoi d'angle.

Le problème de transmettre la puissance d'un arbre à un autre arbre perpendiculaire et dans le même plan est résolu par un train d'engrenages d'angle mais aussi par le renvoi Almond représenté en coupe par la figure 139 et installé sur la figure 137.

Ce renvoi se pose sur le sol ou au plafond et comporte un axe vertical sur lequel coulisse en ***va et vient***, de haut en bas et, de bas en haut, une douille en fonte portant deux broches qui sont attaquées respectivement par les manivelles reliées aux axes de deux poulies à ***angle droit***.

Le mouvement est transmis des manivelles aux broches par des rotules en acier contenues dans les manivelles ; le tout est enfermé hermétiquement dans un carter en fonte à bain d'huile.

Fig. 137 et 138. — Renvoi d'angle silencieux.

Fig. 139. – Vue du mécanisme du renvoi d'angle.

Le fonctionnement absolument silencieux et régulier donne un rendement de 93 %.

Voici les proportions de ces renvois intéressants :

Force	Chevaux à transmettre.	2 1/2	6 1/2	16	35
	A la vitesse de. t.p.m.	200	200	200	200
Vitesse maxima ne devant pas être dépassée.	t.p.m.	500	400	350	225
Poulies	Diamètre ..... m/m	305	405	510	760
	Largeur........ —	100	150	230	305
	Hauteur sous la base .... —	190	230	330	475
Poids approximatif....	kilos	75	145	275	675

GALET TENDEUR DONNANT MARCHE AVANT, ARRIÈRE ET DÉBRAVAGE PAR COURROIE.

Une curieuse application de la courroie plate a été faite pour obtenir la marche arrière dans les bateaux automobiles à pétrole. Nous en donnons ci-après un dessin schématique.

L'arbre venant du moteur porte un tambour ou poulie *p* (fig. 140). L'arbre d'hélice séparé de l'arbre moteur, mais ***bout à bout*** avec lui, porte une poulie *q* de même diamètre que la poulie *p*. La poulie *p* est évidée en tronc de cône et peut recevoir un cône d'embrayage *e* relié à la poulie *q*. Un ressort *r* assure l'embrayage.

Pour la marche avant, la prise est donc directe entre les deux arbres du moteur et de l'hélice par l'intermédiaire de l'embrayage *e*.

Une courroie plate en cuir entoure les deux poulies *p* et *q* en passant en demi-croisée sur deux galets *g* placés à droite et à gauche des poulies *p* et *g*, comme le montre la figure.

Un levier M supporte, par une branche double à angle droit, les galets *g* et agit par une bielle *b* sur la fourchette de débrayage *l*.

Pendant la marche avant, le levier M est poussé à droite, les galets *g* sont rapprochés des poulies *p, g*, la courroie *cc* est tout à fait détendue et n'a aucune action.

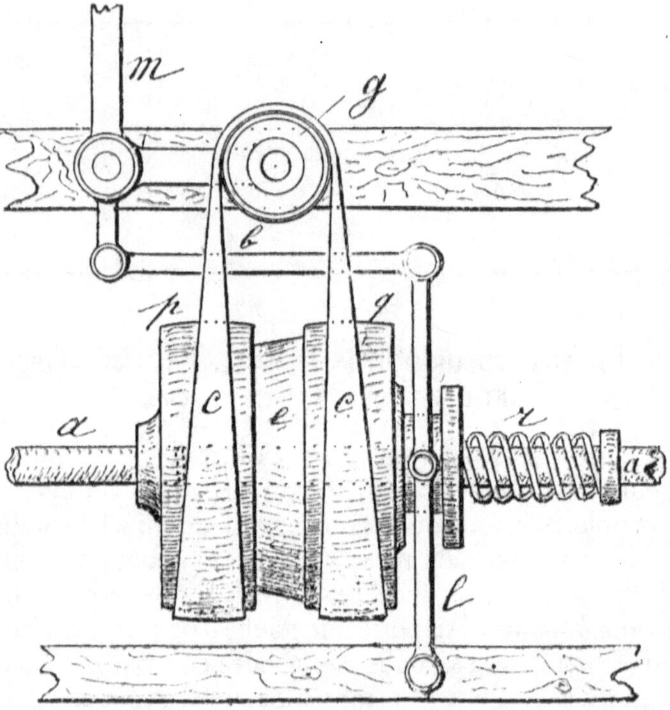

Fig. 140. — Renvoi à changement de marche et débrayage.

Si l'on agit en poussant le levier *m* à gaude, on débraye le cône *e*, le bateau ralentit et s'arrête, la courroie *cc* est encore détendue et n'agit pas sur les poulies.

Si l'on continue à, pousser le levier *m* vers la gauche, la courroie *cc* se tend, adhère aux poulies et entraîne la poulie *q* ***en sens inverse*** du mouvement qu'elle reçoit de la poulie *p*. La courroie donne donc ainsi la marche arrière avec un mécanisme d'une extraordinaire simplicité et d'un prix de revient très minime.

Dans les appareils de ce genre que nous avons vu fonctionner, la courroie prend très rapidement le pli qui la fait rester en face des poulies et sur les galets *gg*.

Dans la pratique il est possible de simplifier cet appareil en supprimant purement et simplement le ressort d'embrayage *r*. La poussée de l'hélice suffit amplement, en effet, à assurer l'embrayage en marche avant.

Nous n'avons vu ce dispositif que sur des canots de petites dimensions ; il est très peu encombrant : environ 0^m,50 en tous sens. Il n'y a pas de raison pour qu'on ne puisse pas l'appliquer à des moteurs de puissance moyenne, étant donné qu'en ce cas, la place disponible dans le fond du bateau, permettrait d'employer une courroie assez large et des poulies de diamètre suffisamment grand pour obtenir une adhérence convenable ; il peut être appliqué à la commande de diverses machines nécessitant un renversement de marche et débrayage.

Galets tendeurs et enrouleurs de courroies

Quelquefois on est contraint de soutenir le brin mou de la courroie ; par exemple, la figure 141 montre une

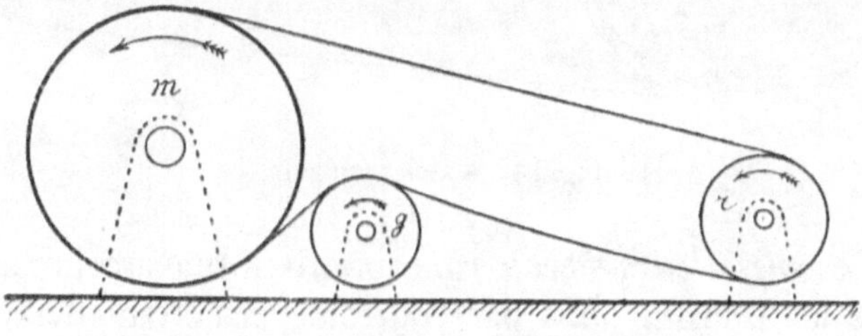

Fig. 141. — Galet de soutien du brin mou.

transmission dans laquelle le brin mou se trouve en dessous et il a fallu le relever à l'aide d'un galet fixe. En ce, cas, il faut donner un assez grand diamètre à ce galet qui peut être constitué par une poulie en fonte ***parfaitement équilibrée***, montée sur roulements à billes. Le diamètre peut être de 0^{m},50 par exemple, plus ou moins selon la disponibilité de place.

On emploie le ***galet tendeur*** (fig. 142) pour augmenter la tension de la courroie sur les poulies. En donnant à la courroie une longueur telle qu'elle n'adhère pas du tout sur les poulies sans la pression du galet tendeur, celui-ci peut constituer un mécanisme instantané et commode de débrayage puisqu'il suffit de le relever pour que la courroie ne soit plus entraînée. Il suffit de calculer convenablement le poids agissant sur le galet pour donner à la courroie une tension suffisante pour qu'elle adhère aux poulies.

La galet tendeur doit être toujours placé sur le ***brin mou*** dit aussi ***brin conduit*** et aussi près que possible de la *poulie motrice.*

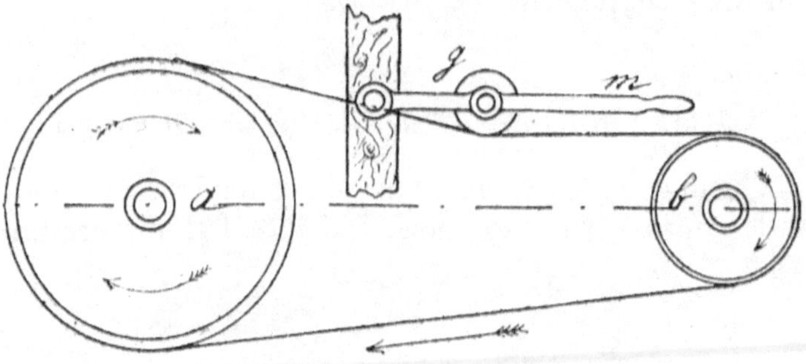

Fig. 142. – Galet tendeur.

Les ***enrouleurs de courroie*** apportent une amélioration dans les transmissions par courroie permettant de relier soit deux arbres dont les axes sont très rapprochés, soit de commander deux poulies de diamètres extrêmement différents, soit enfin de résoudre le problème quand les deux données ci-dessus énoncées sont réunies, ce qui se présente dans la majorité des cas.

Leur action consiste à augmenter dans de très fortes proportions l'arc d'enroulement et à diminuer la perte par glissement principalement sur la petite poulie.

Un enrouleur se compose d'un galet monté sur roulements à billes et oscillant autour d'un axe. Un contrepoids, variable suivant l'effort à transmettre, oblige le galet à appliquer le brin mou de la courroie sur la petite poulie en même temps qu'il détermine un réglage automatique de la tension.

La figure 143 montre le schéma du dispositif.

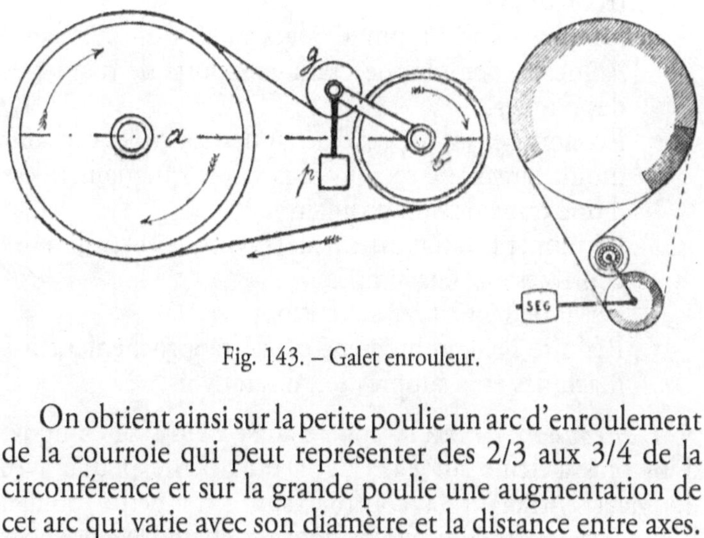

Fig. 143. – Galet enrouleur.

On obtient ainsi sur la petite poulie un arc d'enroulement de la courroie qui peut représenter des 2/3 aux 3/4 de la circonférence et sur la grande poulie une augmentation de cet arc qui varie avec son diamètre et la distance entre axes.

L'adhérence de la courroie sur la poulie étant ainsi augmentée, le glissement est pratiquement supprimé, la tension dans les brins de la courroie sensiblement diminuée ce qui réduit la fatigue des arbres et des paliers et permet d'adopter des dimensions moindre pour ces organes.

A l'arrêt, en relevant le contrepoids cette tension devient nulle et la courroie forme débrayage. A la mise en marche le moteur peut démarrer à vide et, en appliquant progressivement l'enrouleur sur la courroie, produire un démarrage progressif en évitant les fusions de plomb si l'on a affaire à un moteur électrique.

Enfin, cet appareil agit comme régulateur automatique, le contrepoids oscillant avec les variations d'efforts et par conséquent faisant varier l'adhérence sur les poulies.

Les avantages obtenus par l'enrouleur peuvent se résumer ainsi :

- Augmenter l'adhérence de la courroie sur les poulies.
- Diminuer la section de la courroie à puissance égale.
- Réaliser les transmissions avec des distances d'axes très réduites.
- Réduire au minimum les glissements des courroies.
- Admettre l'emploi de grands rapports de diamètres des poulies.
- Économiser sur le prix d'achat des courroies qui sont moins larges, de section plus faible que dans le cas d'une transmission ordinaire.
- Diminuer la fatigue des paliers puisque la tension des courroies est plus réduite.
- Servir de régulateur de tension.
- Réduire l'encombrement par le rapprochement des machines et la suppression des renvois.

L'enrouleur Leneveu, appelé aussi ***Lénix***, se compose d'un bras articulé sur l'axe de la plus petite poulie avec un galet enroulant la courroie sur cette petite poulie. L'importance du contrepoids dont est chargé le galet peut être assez faible si la courroie est bien souple ; elle se borne à forcer la courroie à s'enrouler sur la poulie.

Nos gravures 144 à 147 bis, montrent quelques applications de cet enrouleur avec lequel les poulies quoique très rapprochées peuvent avoir des diamètres très différents, de 1 à 26, par exemple, avec lesquels la transmission directe serait absolument impossible.

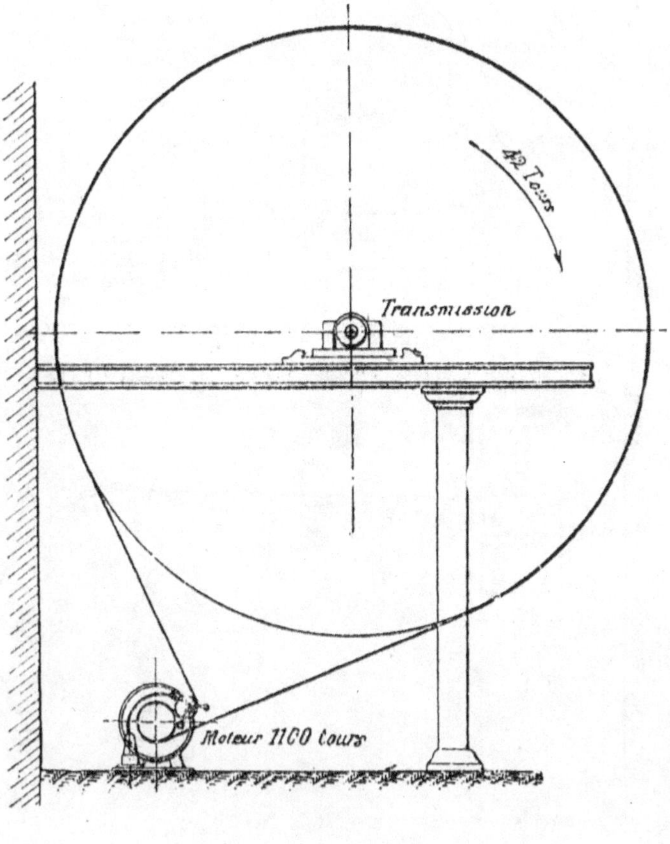

Fig. 144. — Commande d'une transmission par un électromoteur de 12 chevaux.

	Diamètre
Poulie du moteur	0,135 m
— transmission	3,500 m

	Vitesse
Poulie du moteur	1 100 tours
— transmission	42 —
Largeur courroie en cuir simple	100 m
Distance des axes	2,500 m

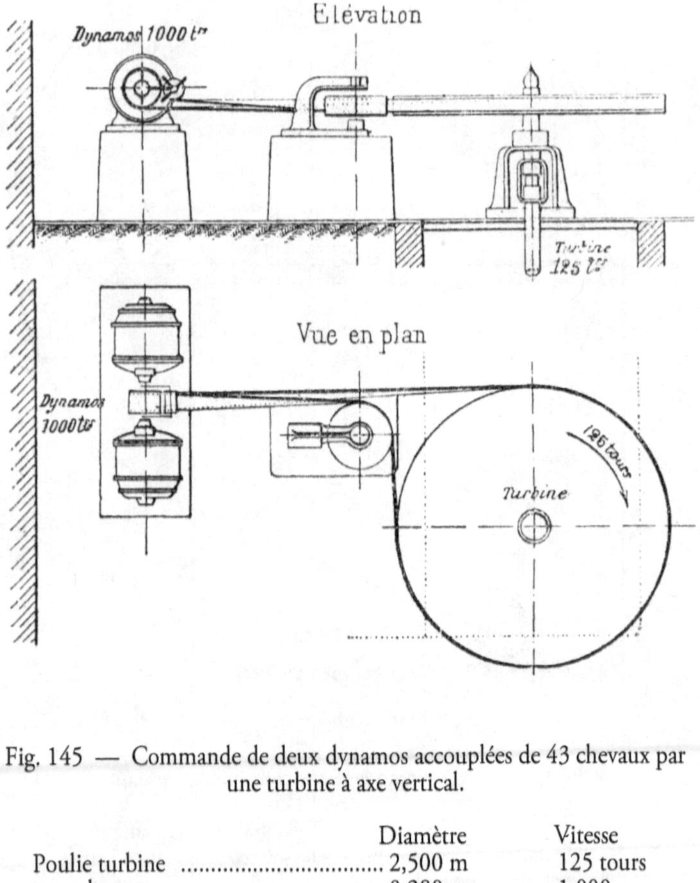

Fig. 145 — Commande de deux dynamos accouplées de 43 chevaux par une turbine à axe vertical.

	Diamètre	Vitesse
Poulie turbine	2,500 m	125 tours
— dynamo	0,280 m	1 000 —
Larg. courroie..................................	150 m. cuir simple	

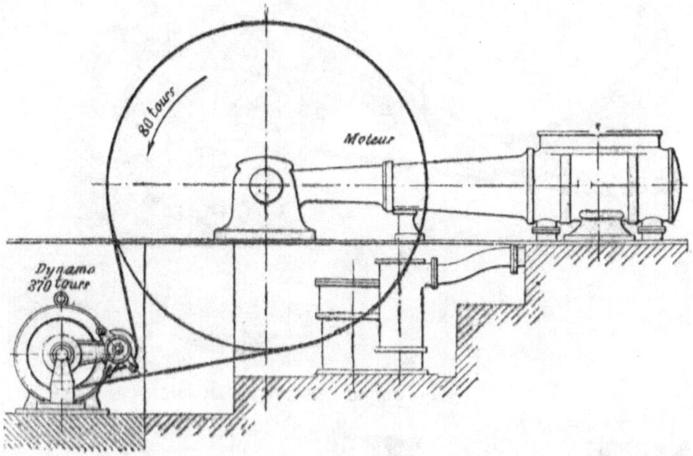

Fig. 146. — Commande d'une dynamo de 400 chevaux par une machine à vapeur.

Diamètre du volant de la machine	5,000 m
Diamètre de la poulie de la dynamo	1,020 m
Vitesse du volant..	80 tours
Vitesse de la dynamo	370 —
Force transmise	400 chevaux
Largeur de la courroie en cuir simple	730 mm.
Distance des axes	4,000 m

Fig. 147. — Enrouleur Leneveu sur dynamo.

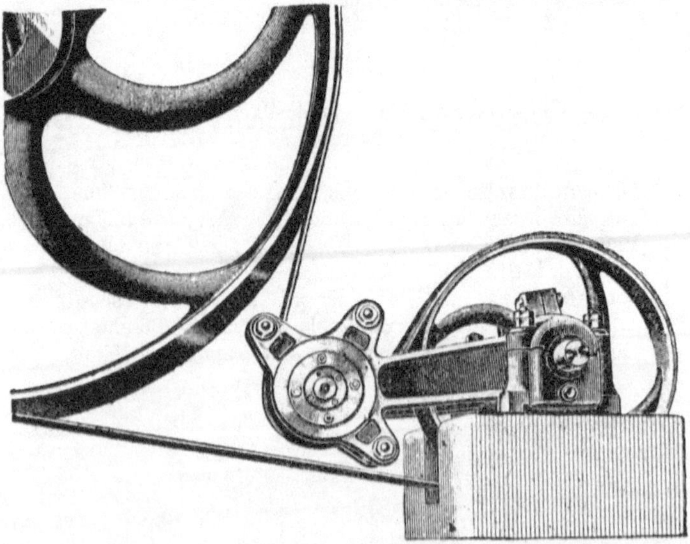

Fig. 147 bis. — Enrouleur Lenix sur arbres de transmission,

Enrouleur Piat.

Cet appareil représenté par les figures 148 à 150 agit de la même manière que le précédent, mais le bras portant le galet est monté sur un support indépendant de l'axe de la poulie, ce qui permet de l'adapter à volonté à une poulie quelconque.

La figure 150 montre son application à une courroie dont le brin mou est en dessous ; le serrage du galet se fait

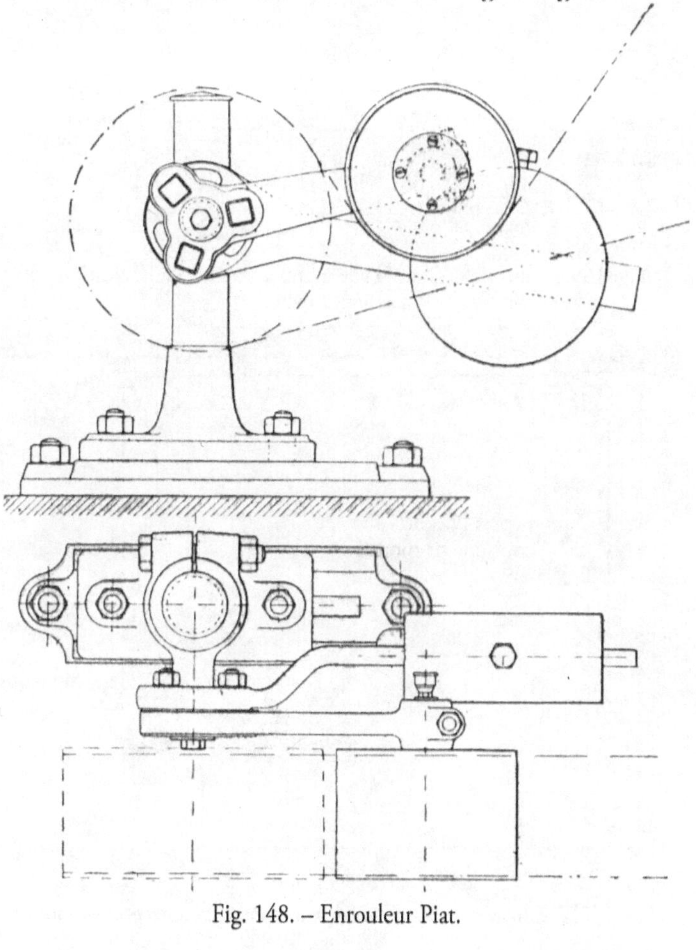

Fig. 148. – Enrouleur Piat.

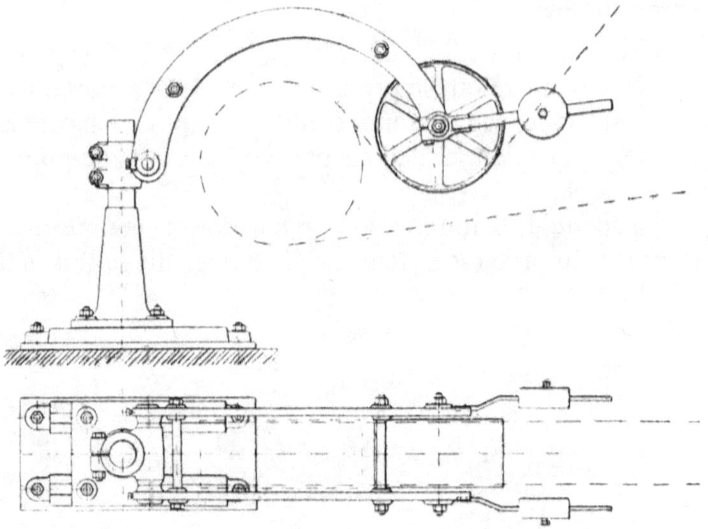

Fig. 149. – Enrouleur Piat : Type à bras courbes, poids additionnel à action directe.

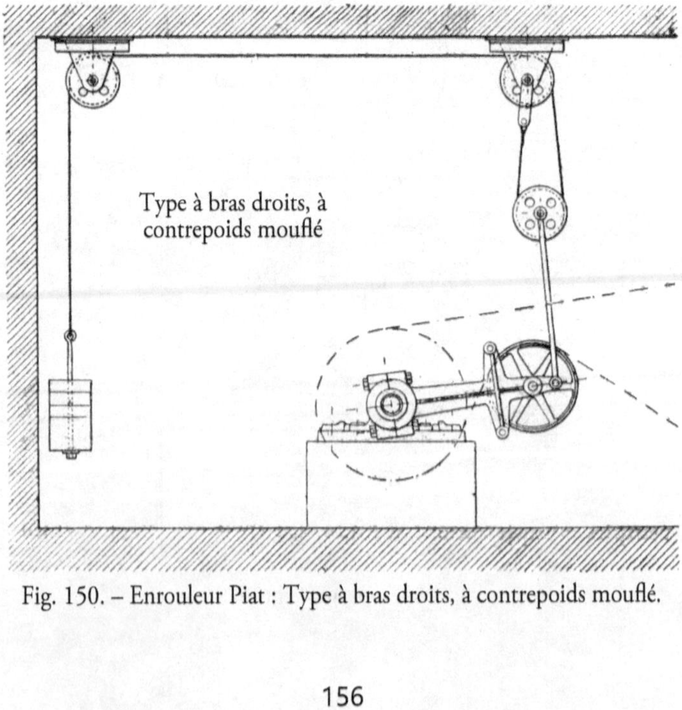

Fig. 150. – Enrouleur Piat : Type à bras droits, à contrepoids mouflé.

ici par un contrepoids mouflé sur une poulie de renvoi fixée au plafond.

Voici les dimensions des galets enrouleurs Piat :

GALET		Bras	Effort tangent. max. kil.
Diam.	Largeur		
80	60	90	42
100	à	120	
120	90	160	56
120			64
140	100	160	85
160	à	200	105
180	130	240	105
180		240	145
220	140	300	172
260	à	370	172
300	180	440	200
300		370	240
340	190	440	280
380	à	520	320
420	250	600	320

Enrouleur Bonaffous.

Se compose de deux galets, tournant fous sur deux axes fixés à un bras oscillant autour d'un axe monté sur un support en fonte. Le poids des galets et du bras est équilibré par un contre-poids. Le montage des galets est à roulements à billes remplis complètement d'huile. Le trou de fixation d'un des axes sur le bras est oblong pour permettre, au moment du montage, d'enrouler la courroie juste sans qu'elle ait de tension et, quand cela est nécessaire, après les premiers jours de fonctionnement, de remonter le galet pour rattraper l'allongement de la courroie. Au montage et par conséquent au repos, l'ensemble du système occupe une position symétrique par rapport à la ligne des centres (fig. 151).

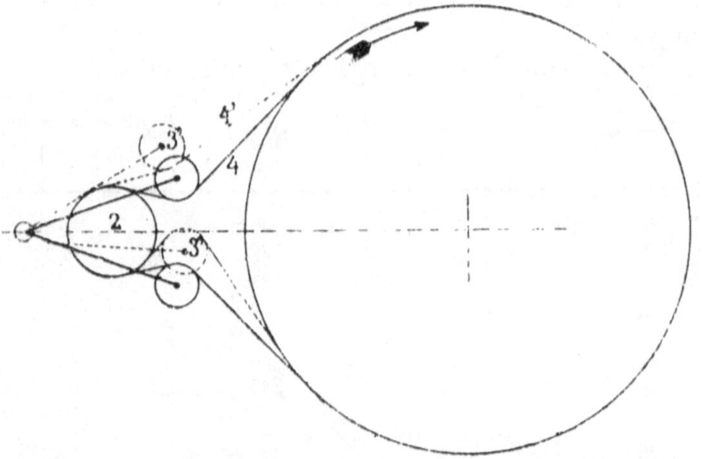

Fig. 151. — Enrouleur Bonaffous.

A la mise en route (supposons que ce soit la grande poulie qui soit motrice) le brin conducteur 4 va se tendre jusqu'à ce qu'il ait vaincu la résistance de la poulie 2 à commander ; en se tendant, le brin conducteur 4 vient faire occuper aux galets la position 3'-3'. Cette position ne se trouvera modifiée que s'il survient une variation dans la résistance de la poulie 2 ou dans la vitesse de la poulie motrice. Le déplacement de l'appareil et par suite ***la tension de la courroie est toujours fonction du travail transmis. L'effort sur les axes dû à la tension de la courroie varie donc dans les mêmes proportions.***

L'appareil est aussi un lien élastique.

Ceci résulte de la description ci-dessus ; le démarrage s'opère avec une certaine progressivité. Pendant la marche, les accélérations brusques qui peuvent se produire quelquefois dans la partie motrice (moteurs à gaz par exemple) se traduisent par un accroissement dans la tension du brin conducteur d'où déplacement des galets qui, dès que l'accélération momentanée a disparu, reviennent à leur position ; l'organe commandé n'est donc pour ainsi dire pas influencé par ces accélérations.

Courroies spéciales pour enrouleurs.

Ces courroies doivent être minces, souples et sans fin, c'est-à-dire sans jonction proéminente. Pour cela il faut faire spécialement des courroies à mesure exacte ***collées sans fin***.

Nous avons cependant, dans des cas urgents, employé sur enrouleur des courroies avec agrafes en acier dites agrafes à griffes, mais la courroie sans fin est préférable et nécessaire.

Le galet enrouleur agit toujours sur la plus petite poulie et sur le brin mou de la courroie.

Par l'emploi des galets enrouleurs, le glissement est réduit à 1 % environ (1,5 % au maximum).

Dans le cas où les mauvaises conditions d'installation d'une transmission obligent à tendre exagérément la courroie, il est avantageux d'employer un enrouleur, afin de diminuer la fatigue des arbres paliers et courroie et de gagner sur le rendement.

Voici un essai comparatif fait en 1906 à Angoulême avec un enrouleur Leneveu :

Le moteur fonctionne avec du courant, diphasé à 200 volts et 40 périodes.

On a mesuré l'énergie électrique absorbée par ce moteur au moyen d'un wattmètre enregistreur intercalé en série sur l'une des phases.

On a comparé 3 journées de marche de 24 heures avec et sans enrouleur, le moteur actionnant les turbines à acides, et les turbines d'immersion dans les conditions habituelles de fonctionnement de ces appareils.

Sur chaque feuille de l'enregistreur, on a tracé la courbe moyenne et déterminé l'ordonnée moyenne de cette courbe en mesurant la surface engendrée à l'aide du planimètre. On a trouvé :

1° *Fonctionnement sans enrouleur*

1er jour	133 hectowatts	moyenne 135 hw.
2e —	133 —	
3e —	140 —	

2° *Fonctionnement avec enrouleur*

1er jour	118 hectowatts	moyenne 123 hw.
2e —	126 —	
3e —	126 —	

Nous admettrons que les deux phases ont travaillé autant l'une que l'autre ; par suite, l'énergie totale absorbée est le double des chiffres trouvés.

L'économie réalisée par l'emploi de l'enrouleur est donc ressortie dans l'essai à 12 / 135 = 8,9 %. Ce chiffre élevé est dû à la défectuosité de l'ancienne installation dans laquelle on était obligé de donner à la courroie une tension considérable à cause du peu de distance du moteur et de l'arbre commandé (2^m,80 d'axe en axe).

Châssis-tendeurs ou rails-tendeurs.

Afin de pouvoir augmenter ou diminuer à volonté la tension de la courroie de certaines machines, les dynamos et les moteurs-électriques en particulier, on les installe sur des rails ou sur un châssis sur lesquels ils peuvent glisser parallèlement à la direction de la courroie.

Les figures 152 et 153 montrent un rail tendeur (il en faut deux sous une machine) et au châssis-tendeur avec vis de pression.

On a imaginé d'installer les moteurs électriques sur des plateaux rappelés par des ressorts de façon à tendre constamment la courroie ; les résultats sont satisfaisants.

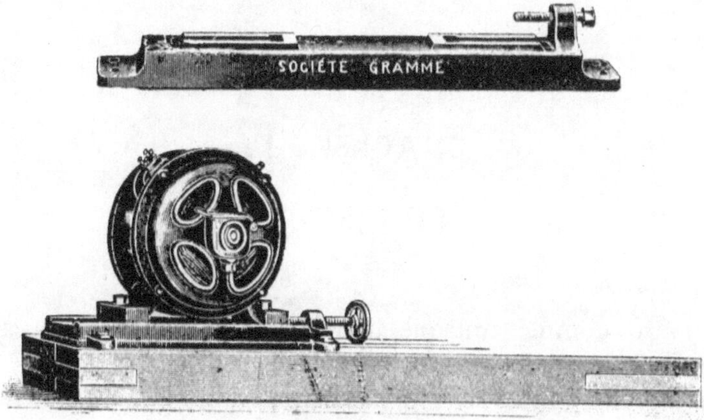

Fig. 152 et 153. – Rails et châssis-tendeurs.

CHAPITRE IV

COURROIES

On nomme courroie une bande sans fin servant à transmettre le mouvement d'une poulie à une autre poulie. L'une des poulies est dite ***poulie de commande*** ou ***poulie motrice*** ; l'autre, ***poulie commandée*** ou ***réceptrice***. La courroie a un brin tendu et un brin mou ; on les nomme aussi ***brin conducteur*** et ***brin conduit*** ; le brin conduit, allant de la poulie motrice vers la poulie réceptrice, le brin conducteur ou brin tendu allant de la poulie réceptrice vers la poulie motrice qui opère sur lui une traction plus ou moins grande, selon l'effort à transmettre.

On donne aussi aux brins d'une courroie les noms de ***garant***, brin sur lequel on opère la traction et ***dormant*** ou brin mou.

L'entraînement de la courroie par la poulie motrice et celui de la poulie réceptrice par la courroie, se font en vertu de l'adhérence de la courroie sur la surface circonférentielle des poulies.

Cette adhérence dépend de la valeur du frottement exercé par les surfaces en contact, c'est-à-dire du ***coefficient de frottement*** qui est variable selon la nature et l'état de la courroie et des poulies employées. Nous reviendrons plus loin sur cette question.

On fabrique des courroies en cuir de diverses qualités, en toiles de coton agglutinées par des colles ou vernis spéciaux, en toiles enduites de caoutchouc vulcanisé, en poils de chameau ou de buffle, en crins, même, paraît-il en papier.

De toutes ces sortes de courroies, c'est la courroie en cuir qui est le plus souvent employée en raison des qualités de souplesse et de résistance du cuir. Les courroies en cuir doivent être faites avec des cuirs de premier choix, pris dans la meilleure partie des peaux de bœufs ou de vaches de grande longueur, de façon à obtenir une épaisseur suffisante et régulière en même temps qu'un nombre minimum de coutures ou jonctions.

Les peaux destinées à la fabrication des courroies sont, au tannage, l'objet de soins spéciaux. Le cuir tanné doit être ferme dans sa masse et fournir des bandes très souples ; l'emploi des ***chromates*** dans le tannage donne des cuirs résistant mieux à l'humidité. Les bandes de cuir, assemblées par des jonctions collées et cousues avec des lanières comprimées dans l'épaisseur de la courroie, sont étirées au moyen de machines spéciales de façon qu'elles offrent moins de chances d'allongement lorsqu'on les met en service. On vend dans le commerce sous le nom de ***courroies inextensibles***, des courroies tannées et étirées spécialement. Ces courroies subissent cependant, dans les premiers temps de leur mise en service, un allongement qui nécessite leur raccourcissement.

On peut juger de la qualité d'une courroie en cuir en découpant une petite lanière de 4 à 5 centimètres de largeur sur 25 centimètres de longueur et en tordant fortement sur elle-même cette bandelette de cuir ; il ne doit se produire ni fendillement ni arrachement de cuir, si celui-ci est bien traité au tannage.

On remarque dans une courroie en cuir le côté chair et le côté fleur ou poil. Le côté chair a un grain plus fin, il doit être mis en dehors, le côté fleur étant appliqué sur les poulies où il donne une meilleure adhérence.

La fabrication des courroies en coton ou en poils et crins dérive de procédés spéciaux à chaque fabricant. Les courroies en toiles de coton enduites de caoutchouc puis collées ensemble par compression et vulcanisées, résistent bien à l'humidité, mais elles craignent l'huile et la chaleur.

Les courroies mixtes composées de bandes de cuir et de bandes métalliques sont employées pour de fortes charges sur poulies de grand diamètre. Mais le métal se dilate beaucoup plus que le cuir, de sorte que l'homogénéité de cette sorte de courroie ne peut pas être obtenue.

Les courroies composées de plusieurs épaisseurs de cuir ou de cuir enroulé sur lui-même, formées de cuirs très souples, sont employées avec succès pour les motocyclettes et sur de très légères voiturettes automobiles et utilisées pour la commande des petites machines d'atelier. Nous les étudierons dans le volume *Câbles, Cordes, Chaînes.*

Signalons aussi les courroies composées de lamelles de cuir travaillant sur champ. Ces lamelles étant réunies ensemble par une série de tiges métalliques, l'adhérence de ces courroies est supérieure à celle des courroies ordinaires, elles présentent plus de résistance à la rupture et à l'allongement, nous les étudierons spécialement.

Nous avons dit, au début de ce chapitre, que l'adhérence, c'est-à-dire la faculté pour la courroie d'entraîner la poulie varie avec la nature et l'état de la poulie et de la courroie. Voici les coefficients de frottement dans les divers cas.

Sur poulies métalliques tournées et polies :

Courroies en cuir neuves	0,155
Courroies neuves en caoutchouc	0,200
Vieilles courroies en cuir chargées de cambouis	0,200
Courroies en cuir neuves, très sèches	0,090
Courroies très grasses	0,090
Courroies en coton ou chanvre	0,075

Sur poulies en bois, courroies en cuir
à l'état ordinaire...0,470
Cordes en chanvre 0,500

L'adhérence augmente avec la tension de la courroie ; celle-ci ne doit cependant pas être tendue au-delà d'une certaine limite ; les courroies en cuir se rompent entre 2 kilos et 3 kilos de charge par millimètre carré de section, celles en toile et caoutchouc vers 3 kilos. On peut donc admettre une charge utile de 0,250 kg à 0,300 kg par millimètre carré de la section de la courroie quelle que soit sa nature.

Pour ne pas s'exposer à un allongement trop rapide de la courroie, on peut n'admettre qu'une charge de 0,250 kg par millimètre carré, ce qui conduit à l'emploi de courroies plus épaisses.

Dans l'établissement d'une courroie sur deux poulies, il faut calculer la courroie en vue du travail à transmettre et réaliser les conditions mécaniques pour que cette courroie donne un bon rendement et travaille le mieux possible.

Dans le calcul de la courroie entrent :

Le ***coefficient de frottement*** de la courroie sur les poulies, duquel dépend ***l'adhérence*** de la courroie ; la ***vitesse linéaire*** de la courroie ; sa ***résistance à la rupture*** qui limite sa tension et la traction qui peut être exercée sur elle ; sa ***surface de contact*** avec les poulies ; l'arc de circonférence embrassé par la courroie sur chaque poulie ; l'***état de la courroie*** ; la forme plus ou moins bombée des poulies, etc.

Nous n'entrons pas ici dans les raisonnements assez compliqués qui servent à l'établissement des formules employées pour le calcul mathématique des courroies.

Dans la pratique, on admet qu'une courroie de moyenne épaisseur (5 à 6 millimètres) en cuir de bonne qualité exige pour la transmission d'un cheval-vapeur le passage de 1 000 centimètres carrés de courroie sur la jante de la poulie. Autrement dit, une courroie de 10 centimètres de large, ayant une vitesse linéaire de un mètre par seconde, est susceptible quand elle est convenablement installée, de transmettre 75 kilogrammètres par seconde, ce qui peut s'exprimer par la formule suivante :

$$l = 10\,N / V$$

l étant la largeur de la courroie en centimètres.
N le nombre de chevaux-vapeur à transmettre.
V la vitesse linéaire de la courroie en mètres par seconde.

Jantes des poulies, adhésifs.

La jante de la poulie doit être parfaitement lisse et polie ; c'est une erreur absolue de croire qu'une jante cannelée ou rugueuse procure un bénéfice dans le travail de la courroie. Si la courroie est bien choisie, en bon état, bien calculée et bien installée, elle a une adhérence suffisante sur une jante métallique polie ; elle se détériore très rapidement sur une jante rugueuse ou cannelée.

Nous condamnerons aussi les produits vendus avec grand renfort de réclame sous le prétexte de faire adhérer les courroies sur les jantes (produits adhésifs), de même que l'usage de la résine, colophane, poix, etc.

D'abord, tous ces produits détériorent le cuir et compromettent rapidement la solidité de la courroie ; ensuite ils font coller la courroie sur la jante de la poulie ; il faut donc un certain effort, au moment où la courroie quitte la jante, pour la décoller : d'où perte certaine de rendement à la transmission. L'usage des produits en question ne tarde pas aussi à former sur les jantes des grumeaux ou inégalités qui diminuent alors réellement l'adhérence de la courroie.

Quand, étant bien tendue, une courroie en cuir patine c'est généralement qu'elle est trop sèche : il suffit alors de projeter un peu d'huile ou de suif sur sa face travaillante et elle ne tarde pas à adhérer aux poulies. On peut fabriquer un produit adhésif en faisant dissoudre 250 grammes de résine dans un litre d'huile de poisson ou autre huile d'origine animale.

Bombement des jantes.

Afin de maintenir la courroie sur la poulie, il est nécessaire de bomber légèrement la jante de celle-ci : en effet, la courroie tend toujours à monter sur le plus grand diamètre d'un cône ; elle se met ainsi en équilibre stable sur le double cône formé par le bombé de la jante.

Ce bombement n'est usité que pour les poulies étroites, c'est-à-dire celles ayant seulement la largeur de la courroie.

Pour les tambours ou poulies motrices ayant plusieurs fois la largeur de la courroie, on doit adopter une jante absolument cylindrique.

Le bombement ne doit pas être exagéré, sans quoi le milieu seul de la courroie adhère fortement à la poulie, les côtés n'ayant qu'un trop faible contact. On peut l'estimer bon entre 2 et 5 pour cent de la largeur de la jante de la poulie.

On donne au bombement la forme d'un arc de cercle ayant pour corde la jante droite de la poulie et pour flèche 2 à 5 % de cette corde.

Sur une poulie insuffisamment bombée, la courroie voyage à droite et à gauche, elle risque de tomber fréquemment aux démarrages ou efforts brusques.

Poulies à joues.

Les joues ne sont pas nécessaires au maintien d'une courroie bien montée sur des poulies bien dégauchies et convenablement bombées ; d'un autre côté, elles usent les bords de la courroie qui a quelquefois une tendance à monter sur la joue elle-même si les poulies sont mal alignées ; en outre, ces joues gênent généralement pour la mise en place de la courroie tout agrafée.

On doit donc, en principe, déconseiller les joues ou rebords aux poulies. Tout au plus pourrait-on les tolérer quand la courroie doit par moment être fortement détendue, pour débrayer, par exemple ; mais, même en ce cas, il parait préférable d'assurer le maintien en place de la courroie par des guides fixes plutôt que par des joues aux poulies. La joue n'est vraiment nécessaire que dans le cas d'une poulie horizontale (avec axe vertical, par conséquent).

Influence de la force centrifuge.

Sous l'action de la force centrifuge la courroie tend à s'écarter de la jante de la poulie ; elle perd ainsi une partie de son adhérence ; l'effet centrifuge est combattu par la tension donnée à la courroie ; pour que la force centrifuge annule l'adhérence de la courroie tendue à raison de 400 grammes par millimètre carré, la vitesse linéaire devrait atteindre 36 mètres par seconde qui n'est pas usitée.

Aux grandes vitesses, il se produit entre la jante de la poulie et la courroie un entraînement d'air. L'air ainsi entraîné par la courroie nuit à son adhérence avec la poulie et tend à augmenter le glissement,

Afin de combattre l'effet, nuisible à l'adhérence, de cette mince couche d'air, on a proposé de perforer soit les jantes des poulies, soit la courroie elle-même de petits trous destinés à faciliter l'échappement de l'air entraîné. Ces trous ont l'inconvénient de diminuer les surfaces de contact et la résistance des courroies quand ce sont elles qui sont perforées. Les courroies en lanières évitent cet inconvénient.

Influence de l'humidité.

L'eau répandue sur la courroie la fait patiner c'est-à-dire glisser.

L'humidité à l'état permanent ramollit le cuir et détériore la plupart des courroies quelle que soit leur substance (sauf cependant celles en caoutchouc).

Si une courroie a été fortement mouillée, il faudra la faire sécher après l'avoir essuyée et ensuite la graisser en la frottant vigoureusement pour faire pénétrer l'huile dans le cuir.

Influence de la poussière.

L'abondance de la poussière favorise le glissement de la courroie ; la protection d'un carter ou tablier sera donc utile contre la poussière.

Si la courroie est grasse, la poussière forme, avec l'huile, un cambouis qu'il faut avoir soin d'enlever afin qu'il ne se colle pas à la surface des jantes. On nettoiera en ce cas la courroie avec une raclette et un chiffon imbibé d'un peu d'essence. Ensuite on frottera la courroie nettoyée avec un chiffon gras.

Les courroies employées sur les machines à bois et dans certaines industries poussiéreuses sont desséchées par les poussières absorbant l'huile ; il faut les graisser fréquemment.

Influence de la température.

Le cuir, le coton ou le caoutchouc, soumis à une température dépassant 70 ou 80 degrés centigrades se détériorent. Il est difficile qu'une courroie en marche atteigne cette haute température par le seul fait de son passage sur les poulies, même dans le voisinage du moteur.

Mais le cas où la courroie peut être brûlée, racornie et mise très rapidement hors d'usage est celui où elle sert de débrayage ; soit par son passage fréquent des poulies fixes aux poulies folles ; soit lorsqu'elle fait le débrayage par détente, elle peut être par endroits surchauffée par le fait des frottements qu'elle subit. Il faut, dans ces cas spéciaux, employer des poulies métalliques, c'est-à-dire bonnes conductrices de la chaleur, sur lesquelles la courroie ne s'échauffera pas autant que sur des poulies en bois.

Une courroie brûlée devient cassante et est hors de service.

Courroies droites sur arbres parallèles.

La courroie droite (fig. 154) transmet à la poulie réceptrice le mouvement de rotation du ***même sens*** que celui de la poulie motrice.

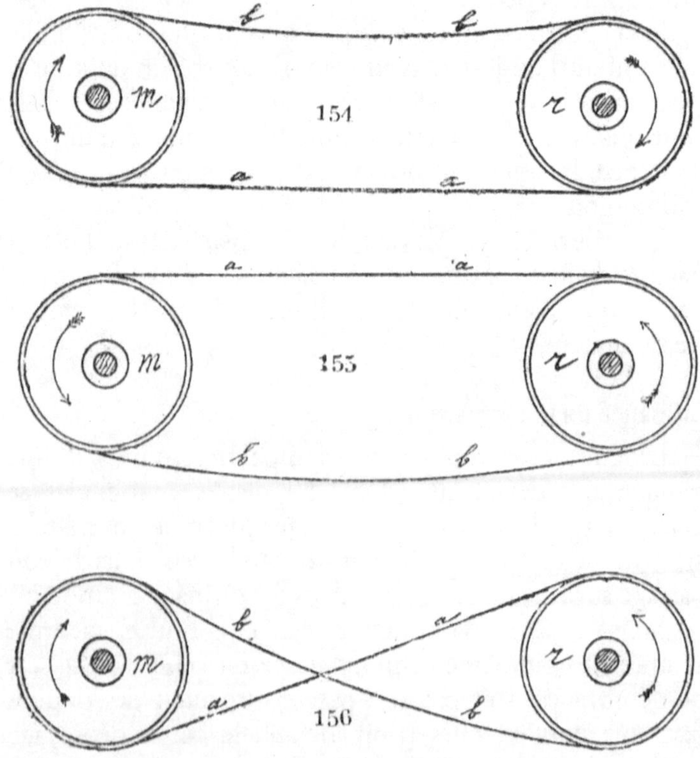

Fig. 154 à 156. — Courroies droite et croisée.

La courroie croisée (fig. 156) transmet à la poulie réceptrice un mouvement, de rotation de ***sens inverse*** à celui de la poulie motrice.

Quand une courroie droite est montée sur deux poulies, il n'est pas indifférent, au point de vue de l'adhérence, de placer le brin tendu en dessus ou en dessous (dans le cas de poulies placées dans un plan horizontal ou incliné). En effet, l'adhérence dépend de l'arc de poulie embrassé par la courroie ; la comparaison des figures 154 et 155 fait voir que lorsque le brin tendu est en bas et le brin mou en dessus, l'arc de circonférence embrassé par la courroie est plus grand que celui correspondant de la figure 155, et ce sur chacune des poulies ; ceci a surtout de l'importance dans le cas de courroies très longues et susceptibles de travailler par ce fait avec une faible tension du brin mou, dont le poids contribue dans le cas de la figure 154 à augmenter l'adhérence, tandis qu'il la diminue dans le montage figure 155. Il faut donc toujours mettre le brin tendu en dessus.

Sens de marche de la courroie.

La courroie doit être montée sur les poulies de manière que les jointures se présentent comme l'indique la figure 157, c'est-à-dire que la jonction, ou couture, ne s'engage pas sur la poulie par la pointe effilée qui la termine. Si le

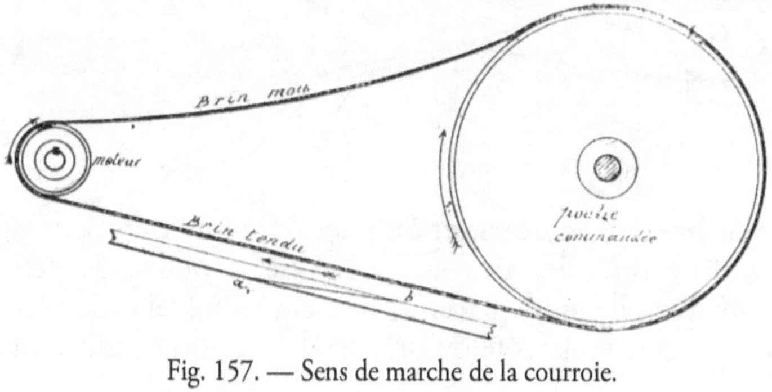

Fig. 157. — Sens de marche de la courroie.

montage était fait en sens contraire de la figure 157, la pointe effilée et collée du cuir ne tarderait pas à se décoller et à se retrousser en formant une inégalité qui accrocherait les fourchettes de débrayage ou, dans le cas d'une courroie croisée, les bords même de la courroie ; il s'en suivrait rapidement l'arrachement et la déchirure de la jonction.

Courroies croisées sur arbres parallèles (fig. 156).

Quelle que soit la position des brins l'un par rapport à l'autre, les arcs de circonférence embrassés sur chacune des poulies, quelque soit leur diamètre, restent les mêmes et plus grands que 180 degrés, ce qui est avantageux au point de vue de l'adhérence, mais si l'une des poulies est très petite par rapport à l'autre, les brios de la courroie frottent entre eux d'une manière inacceptable.

Lorsque les deux poulies sont égales, on doit les monter avec les milieux de leurs jantes dans un même plan perpendiculaire aux arbres.

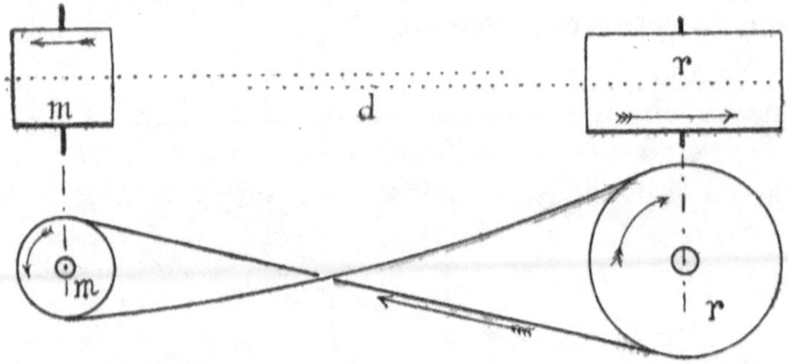

Fig. 158. - Courroie croisée sur poulies inégales.

Si les deux poulies sont inégales, le point de croisement des deux brins est très rapproché de la poulie de petit diamètre et il faut déplacer légèrement le milieu de la jante de cette poulie du côté du brin tendu ou brin conducteur, afin de combattre le glissement latéral sur la jante de la petite poulie dû à la torsion de la courroie ; ce déplacement de la poulie doit être environ 10 % de la largeur de la courroie, il permet à celle-ci de rester bien au milieu de la jante (fig. 158).

Quand on emploie des courroies croisées, il faut que la distance entre les arbres soit au moins trois fois le diamètre de la plus grande poulie afin que le frottement des deux brins de courroie l'un sur l'autre ne soit pas trop grand.

Courroies superposées.

Sur une poulie motrice *m* (fig. 159) on peut faire travailler deux courroies, l'une sur l'autre, à condition que la courroie dessous soit au moins aussi large que la courroie dessus.

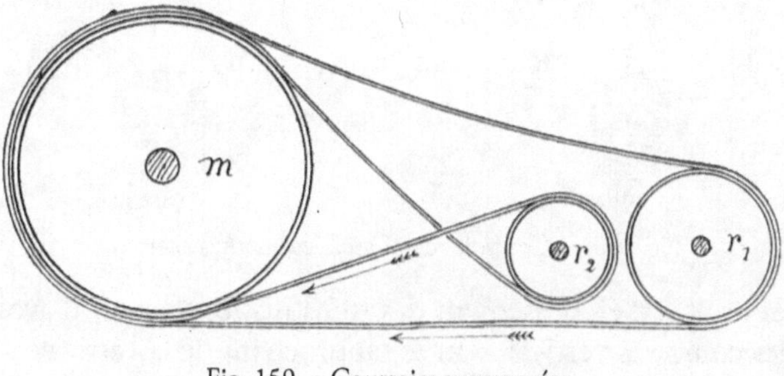

Fig. 159. – Courroies superposées.

Il faut que les agrafes de la courroie dessous soient fort peu saillantes afin de ne pas gêner la courroie extérieure : les agrafes à griffes, à pointes ou Jackson peuvent convenir en ce cas.

Courroies verticales.

Lorsque les deux brins d'une courroie sont verticaux ou se rapprochent de la verticale, leur poids ne tend plus à augmenter leur adhérence sur la poulie inférieure, au contraire. En ce cas, le moindre allongement de la courroie la fait glisser sur cette poulie inférieure ; on doit donc dans

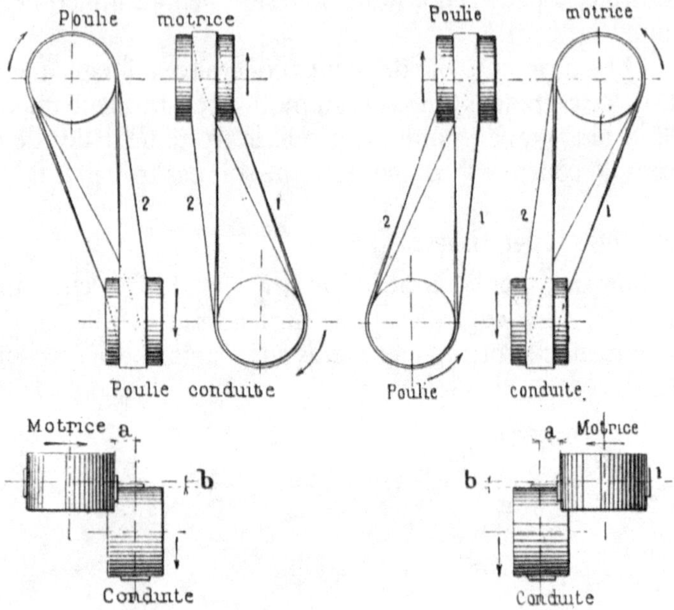

Fig. 160 — Courroies demi-croisées, montage correct.

les projets d'établissement des transmissions, éviter d'avoir des courroies verticales ou se rapprochant de la verticale.

Alignement et dégauchissage des arbres et des poulies.

Les arbres horizontaux doivent être établis parallèlement, c'est-à-dire à égale distance à chacune de leurs extrémités ; les poulies sont ***dégauchies au cordeau*** de façon que leurs circonférences soient dans le même plan vertical, ce qui est facile à obtenir si les arbres sont correctement montés.

Si cette condition n'est pas absolument réalisée, la courroie tient mal et flotte sur les jantes ; on dit qu'elle

voyage à droite et à gauche. Ce défaut de montage fatigue beaucoup la courroie et nuit considérablement à son adhérence, à son rendement et à sa durée.

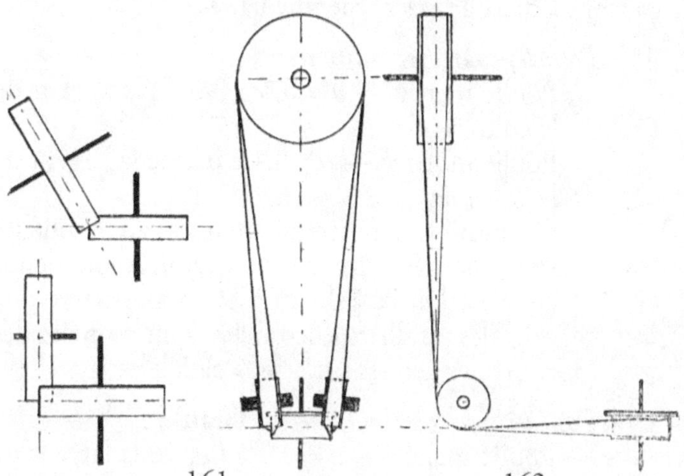

161 162

Fig. 161 et 162. — Poulies pour courroies demi-croisées.

Les arbres verticaux sont forcément parallèles et les poulies peuvent être dégauchies au coup d'oeil car on les amène facilement dans le même plan horizontal.

Montage des courroies torses ou demi-croisées pour poulies sur arbres non parallèles.

Le montage des courroies de ce genre doit être fait en observant de placer les poulies de manière que l'intersection de leurs plans médians rencontre les circonférences des poulies aux endroits où la courroie sort de chacune d'elles (fig. 161). C'est la condition théorique ; mais sous l'influence de l'effort longitudinal qui s'exerce sur les brins conducteurs et conduits, ceux-ci tendent à se porter vers l'extérieur des poulies.

Il faut donc, pour éviter cet inconvénient, les déplacer légèrement en dehors de la position géométrique, des quantités *a* et *b* indiquées ci-après (voir fig. 160) qui se rapportent à deux arbres perpendiculaires :

1° - *Pour les courroies ordinaires :*
- Poulie menée — *a* = 0,5 à 0,6 de la largeur de la courroie ;
- Poulie motrice — *b* = 0,1 à 0,2 de la largeur de la courroie.
- De plus, la largeur des poulies sur lesquelles sont montées des courroies torses ou demi-croisées doit être de 25 à 30 % plus large que celle des poulies sur lesquelles sont montées des courroies droites sur arbres parallèles.

2° - *Pour les courroies en lanières* (**Titan**) :
- Poulie menée — *a* = 0,3 à 0,4 de la largeur de la courroie ;
- Poulie motrice — *b* = 0,08 à 0,12 de la largeur de la courroie.

Enfin, pour limiter la tendance de la courroie torse à tomber d'elle-même, il faut avoir entre les deux arbres une distance au moins double du diamètre de la plus grande des deux poulies.

Si la courroie est horizontalement placée, l'axe de l'arbre de l'une des poulies est alors vertical et, dans ce cas, la courroie doit quelquefois être soutenue près de celui-ci.

Nous ne pouvons guère, au surplus, recommander ces transmissions horizontales torses qui sont toujours difficiles à conserver en bon état de fonctionnement et nécessitent des poulies très larges.

Ces règles, qui n'ont rien de bien absolu, doivent être observées le plus possible dans les transmissions de ce genre, ainsi que pour celles par courroies avec galets guides dits « renvois universels ».

La figure 160 montre que le sens de la rotation varie suivant que la poulie motrice est placée à gauche ou à droite de la poulie réceptrice.

Les courroies ordinaires torses doivent être découpées suivant une forme qui leur donne une meilleure stabilité sur les poulies, mais cette précaution est inutile pour les courroies Titan : très flexibles dans le sens de leur largeur, elles prennent facilement les changements de direction imposés par la position des poulies.

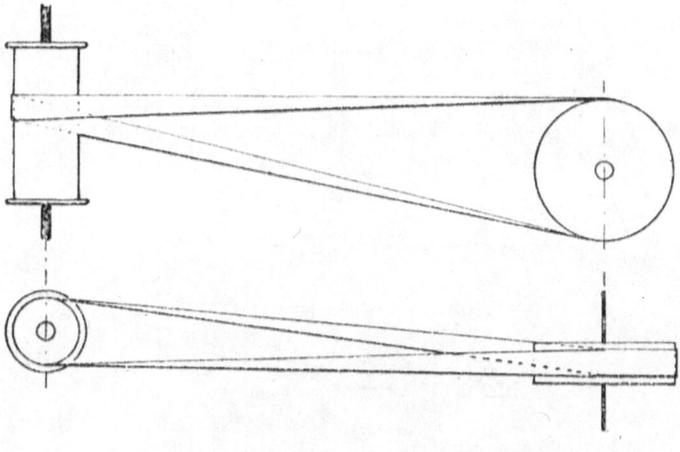

Fig. 163. — Courroies croisées horizontales.

La figure 163 montre l'attaque d'un arbre de toupie à bois par une courroie demi-croisée ; la commande se fait sur un cylindre ayant 8 à 12 centimètres de diamètre et $0^m,30$ à $0^m,40$ de longueur qui se déplace à volonté de bas en haut, la courroie y prenant sa position d'équilibre.

Transmissions avec galets, guides ou galopins.

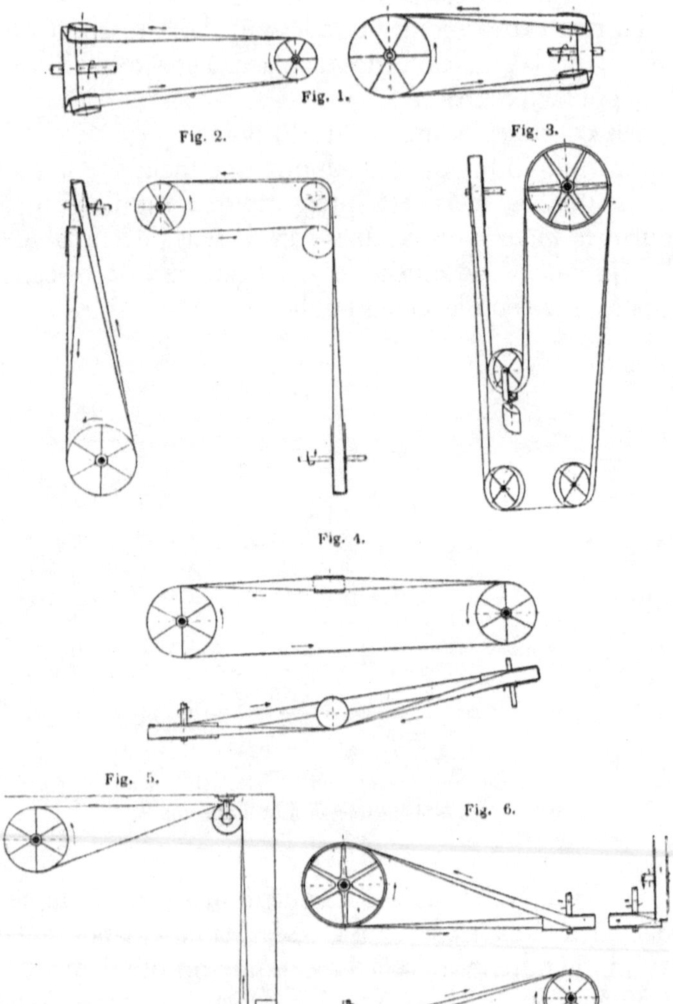

Fig. 164.
Exemples de courroies guidées.

Les figures 164 à 170 montrent divers modes d'emploi des galets ou galopins figures 133 et 134, pour le guidage des courroies.

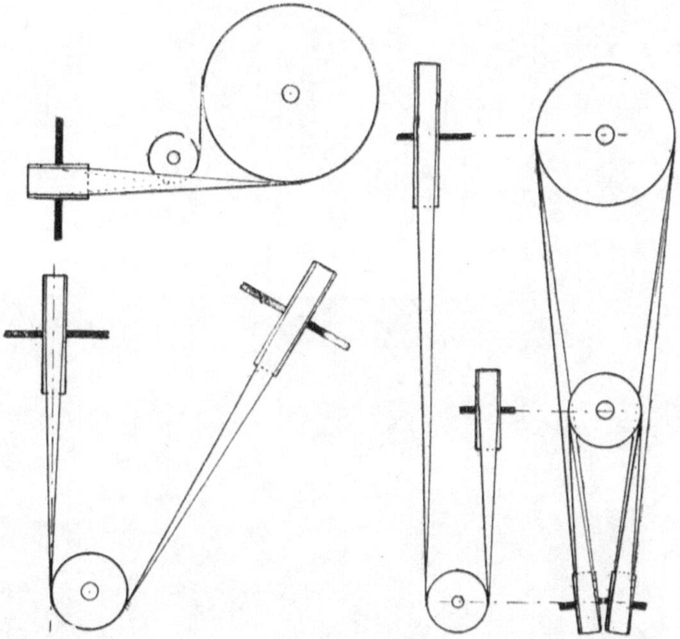

165 166

Fig. 165 et 166. — Courroies guides par galets.

Transmission planétaire par courroie droite ou croisée.

La figure 198 montre ce dispositif : en *a* est la poulie motrice, sur l'arbre de laquelle pivote un bras *al* portant en *a'* un axe sur lequel est monté une poulie *a'* reliée à la partie *a* par une courroie *bb*. Dans toutes les positions du bras *al*, la tension de la courroie *bb* est constante.

On a utilisé ce mode de transmission dans quelques machines, par exemple dans les machines à affûter les scies et dans les scies circulaires oscillantes dites scies à balancier. La figure 198 le représente combiné avec un débrayage par détente de courroie.

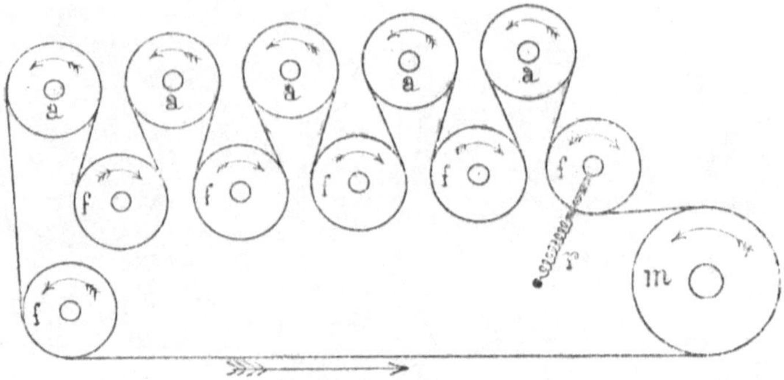

167

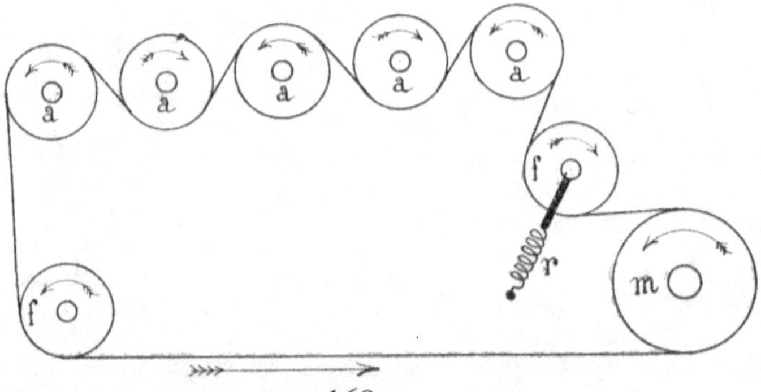

168

Fig. 167 et 168. — Courroies commandant plusieurs poulies.

Entraînement de plusieurs poulies par une seule courroie.

Ceci est intéressant pour la commande de machines à plusieurs broches telles que machines à percer multiples, machines de tissage, etc.

La figure 168 montre un nombre indéterminé de poulies *aaa*... actionnées par une seule courroie mise en mouvement par la motrice *m* ; le galet de renvoi *f* sert en même temps de tendeur, car il est rappelé par le ressort *r*. Dans ce dispositif, les poulies *aaa*... tournent alternativement à droite et à gauche ; pour qu'elles tournent toutes dans le même sens, il faut employer la disposition de la figure 167, où les poulies actionnant les outils *aaa*... tournent toutes dans le même sens, la courroie passant sur des poulies folles *fff*... Ces poulies *fff*, au lieu d'être folles, peuvent actionner aussi des outils, de sorte que la machine peut se composer de deux rangées de poulies actives *aaa* et *fff* entraînant des outils tournant les uns à droite, les autres à gauche mais tous ceux du même rang tournent dans le même sens.

On voit que, dans les figures 167 et 168, les courroies travaillent sur les deux faces ; cet inconvénient peut être évité dans le dispositif figure 167 en mettant entre les poulies *a* et *f* une distance suffisante pour pouvoir tordre d'un demi-tour la courroie à son passage d'une poulie sur l'autre.

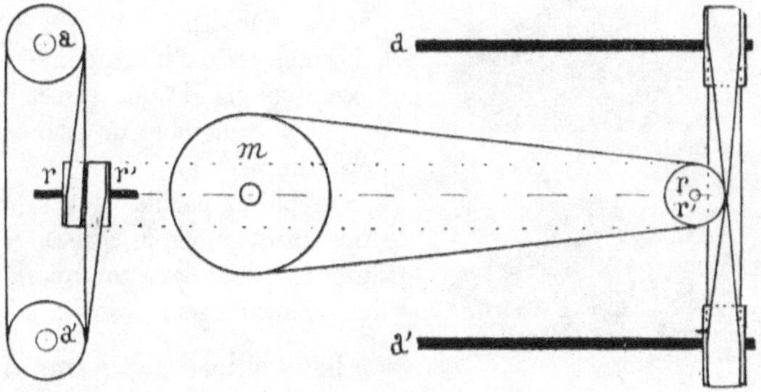

Fig. 169. — Courroies guidées par galets.

Les figures 169 et 170 montrent deux façons de commander deux arbres avec une seule courroie par une poulie perpendiculaire aux poulies commandées, au moyen de galets guides (fig. 133).

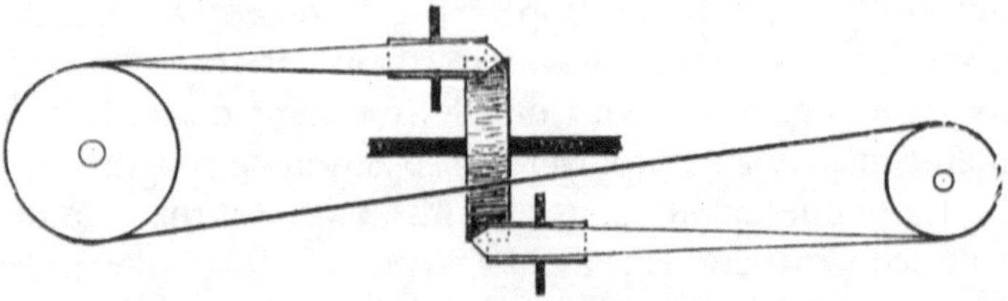

Fig. 170. — Courroies guidées par galets.

Jonction bout à bout des courroies par lanières en cuir.

Le cuir à lanières est préparé spécialement à cet effet, étiré à fond et choisi sans défauts.

Voici les conseils que donnent MM. Getting et Jonas sur la manière de faire les jonctions bout à bout.

> Ramenez les extrémités exactement en contact afin d'empêcher une des extrémités de faire une saillie. Percez les trous dans les courroies au moyen d'un emporte-pièce et non avec une alêne.
>
> N'employez pas un emporte-pièce trop grand ; ne percez que juste le nombre de trous nécessaire.
>
> N'employez pas des lanières trop larges ou trop épaisses, surtout pour les courroies fonctionnant à grande vitesse.

Fig. 171. — Jonctions par lanières.

La figure 171 montre diverses manières de poser les lanières.

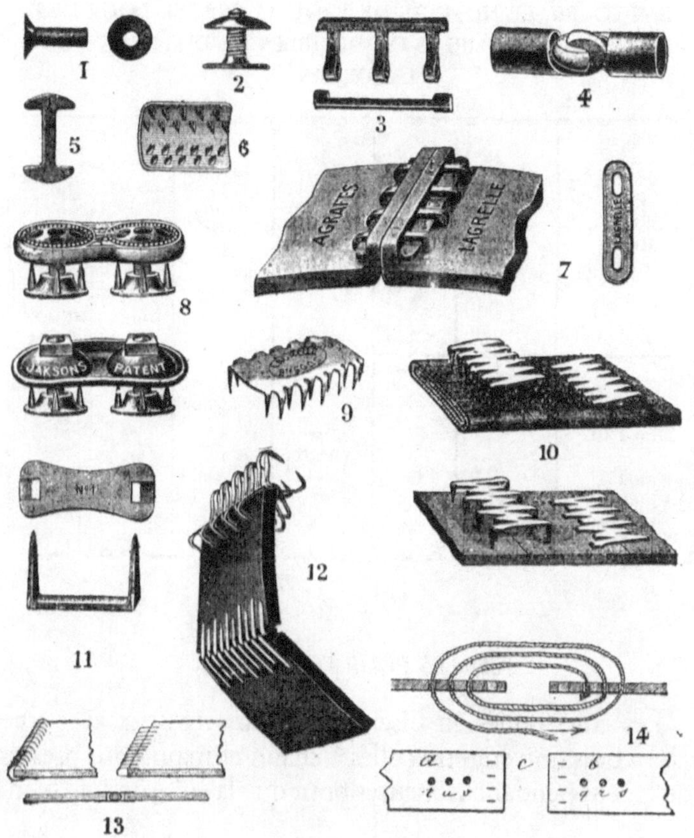

Fig. 172. — Diverses agrafes pour courroies.

1. Rivet et rondelle en cuivre. 2. Boulon en cuivre ou acier. 3. Agrafe Loison. 4. Agrafe pour courroies rondes. 5. Agrafe parisienne, à double **T**. 6. Agrafe Harris, à pointes. 7. Agrafe Lagrelle, à barrettes. 8. Agrafes Jackson. 9. Agrafe Lagrelle, à griffes. 10. Agrafes Bristol, à griffes. 11. Agrafes crampons. 12. Agrafes-charnières en tôle d'acier découpée. 13. Agrafe en spirale de fil d'acier et barrette. 14. Manière de tendre une courroie sur les poulies au moyen d'une cordelette passée dans des trous.

Tableau indiquant les largeurs de lanières a employer, le nombre de trous à percer pour des courroies simples ou doubles de différentes largeurs.

Largeur de la courroie	Diamètre des poinçons	Largeur des lanières	Force des lanières	Nombre de trous	Distance des trous à partir de l'extrémité de la courroie — 1re rangée	2e rangée
25 à 45 m/m	4 m/m	6 m/m	Légère	2 ou 3	9 m/m	—
50 à 70 m/m	5 m/m	7 m/m	—	3	9 m/m	18 m/m
80 à 130 m/m	7 m/m	9 m/m	Moyenne	5 à 7	15 m/m	28 m/m
140 à 170 m/m	9 m/m	11 m/m	—	9 à 11	20 m/m	38 m/m
180 à 300 m/m	10 m/m	12 m/m	Lourde	11 à 15	25 m/m	43 m/m
300 à m/m	12 m/m	15 m/m	—	—	30 m/m	48 m/m

Colles pour courroies.

Les cuirs taillés en biseau et rendus rugueux avec une râpe à bois doivent être collés à chaud et maintenus pressés fortement pendant 12 heures pour que la colle prenne bien.

1re *Formule*

	Colle de menuisier.......	50	Fondues au bain-marie après trempage à l'eau.
	— poisson.........	12	
Ajouter	Gomme arabique.......	12	
	Térébenthine de Venise..	1	
	Essence de térébenthine.	1	
	Alcool à 95°..........	2	

Mélanger intimement et employer chaud.

(Toutes les proportions de matières sont indiquées en grammes.)

2ᵉ *Formule :*

Colle de menuisier	50
— poisson	50

Faire tremper et fondre au bain-marie, puis ajouter, au moment de s'en servir, à chaud, 10 grammes de tannin.

Fig. 173. — Pose des agrafes à double T.

3ᵉ *Formule :*

a	Caoutchouc naturel	30	Fondus au bain-marie à 30 degrés centigrades.
	Sulfure de carbone	140	
b	Caoutchouc naturel	10	
	Colophane	15	
	Essence térébenthine	35	

mélanger les 2 solutions et conserver en flacons bouchés.

4ᵉ *Formule :*

Bisulfure de carbone	10
Térébenthine	1
Gutta-percha	1

5e *Formule :*

Sulfure de carbone	100
Caoutchouc non vulcanisé	15
Essence térébenthine	15
Gomme laque en écailles	10

6e *Formule :*

Colle de menuisier	50	(fondue au bain-marie).
Essence térébenthine	50	
Amidon délayé à l'eau	100	

7e *Formule :*

Colle de menuisier chaude	150	Conserver dans l'obscurité, durcit à la lumière.
Glycérine	3	
Bichromate de potasse	3	

8e *Formule :*

Gutta-percha	15
Sulfure de carbone	75
Essence térébenthine	10

Note sur les courroies en cuir
(D'après le journal *l'Usine*)

De l'avis de tous les praticiens, le cuir l'emporte sur toutes les matières premières actuellement employées dans la fabrication des courroies ; les produits concurrents ne sont quelque peu introduits que grâce à leur bon marché apparent.

Le cuir est seul à supporter les grands écarts de température, les à-coups, le frottement des débrayages. Il résiste admirablement à l'usure et se plie à toutes les nécessités de la pratique.

Une courroie en cuir, après un bon étirage et une courte période d'adaptation, ne s'allonge plus ; elle se répare facilement et peut, sans grands frais, s'approprier à une autre transmission ; enfin, hors d'usage, elle peut encore être utilisée pour divers emplois.

D'autre part, grâce à sa résistance, sa souplesse, son adhérence et sa légèreté, c'est elle qui absorbera le moins de travail en pure perte et donnera le rendement mécanique maximum.

C'est ainsi, par exemple, qu'à une vitesse de 30 mètres par seconde, à cause de différences de densité, la force centrifuge absorbe 26 % de la charge utile pour le cuir et 45 % pour le coton.

Choix des cuirs. — De par sa nature animale, le cuir est une matière essentiellement irrégulière. Sa résistance, son indéformabilité, sa durabilité, sa souplesse, dépendent de la saison d'abatage, de la nourriture, des habitudes de la bête, des soins à l'abatage et des multiples et délicates opérations du tannage.

Non seulement la résistance varie d'une peau à l'autre, mais varie d'un endroit à l'autre dans la même peau, ainsi que la densité et le coefficient d'élasticité : la résistance a varié de 2,285 à 5,340 kilos dans certains essais.

Aussi faut-il une expérience prolongée et posséder par la pratique une sorte de flair et de divination pour savoir choisir dans un lot les cuirs possédant les qualités requises ; pour savoir où couper les bandes remplissant les conditions de résistance, de souplesse, élasticité, inextensibilité, adhérence, durabilité, et pour assembler en un tout homogène ces éléments essentiellement hétérogènes.

C'est une science aussi de composer une courroie de laminoir, très épaisse, soumise à des à-coups violents, à distance d'axe en axe très faible, à grand rapport de poulies.

C'est une science de construire une courroie large, susceptible de marcher sur des poulies bombées, de construire une courroie capable de marcher demi-croisée.

Et cela devient un art de savoir placer une courroie, de savoir corriger les défauts trop fréquents du mécanisme, de faire marcher droit une courroie lorsque les poulies sont mal tournées ou les arbres non parallèles.

Différents genres de courroies en cuir.

Tannage végétal dit « au Chêne ». — Résistance moyenne à la rupture de 3 à 4 kilos, épaisseur normale de 4 à 7 mm.

Les bandes doivent être coupées dans du croupon de bœuf ou de vache à tissu serré, dont le corroyage, tout en conservant l'élasticité, réduit au minimum l'extensibilité. Les parties ouvertes du cuir, flanc ou collet, doivent être proscrites, ainsi que le cuir trop ouvert, à fausse épaisseur.

Robuste, adhérente, rigide, cette courroie peut se plier à tous les usages. Les bandes sont réunies l'une à l'autre par un collage résistant, et cousues à la lanière.

Courroies soudées. — Toutefois, pour un mouvement très sensible exigeant un maximum de force et d'adhérence, avec un minimum de poids (dynamo, ventilateur, Lénix), nous préconisons la courroie soudée dont les bandes sont réunies par une préparation spéciale et des soins particuliers qui permettent de supprimer toute couture jusqu'à 250 ou 300 mm simple, 200 à 250 double. Au-delà de cette dimension, le poids de la courroie, le frottement que peuvent subir les bords au moment du placement, soit en traînant par terre, soit en frottant contre les colonnes, paliers ou autres encombrements, nous font préconiser deux petites lignes de couture sur les bords, couture soigneusement entassée dans le cuir, de façon à ne pas occasionner de glissement.

Courroies imperméables. — Pour les brasseries, malteries, distilleries, papeteries, produits chimiques et en général toute industrie donnant lieu à une atmosphère humide ou acide, nous conseillons la courroie imperméable. Soudée d'abord, comme la courroie précédente, celle-ci est passée dans une série de bains qui la rendent imperméable et lui permettent de résister comme si elle était caoutchoutée.

Courroies doubles avec toile. — Pour les transmissions à marche brutale, à grande distance d'axes (au-delà de 7 à 8 mètres) et poulies dépassant 0,500 mm, on peut préconiser parfois la courroie double avec toile intercalée. Cette toile participe à la résistance au même titre que le cuir, favorise un collage intime, combat la tendance au fouettement et contribue à former un organe particulièrement fort et robuste. — Épaisseur normale 10 à 16 millimètres.

Tannage au Chrome. — Résistance : 4,5 à 5 kilos. — On obtient exceptionnellement 8 et 9 kilos. — Boeuf ou vache indigène.

Plus léger, plus souple, plus adhérent, plus résistant, ce cuir serait la matière idéale pour la fabrication des courroies. Malheureusement son prix, dû au genre de tannage et aux soins spéciaux de fabrication, rend son emploi limité aux transmissions difficiles : grandes vitesses, petit diamètre, petites distance d'axes, bombage exagéré des poulies, trop grande différence de diamètre, bref, dans bien des cas où s'imposerait un enrouleur qu'elle remplace avantageusement. Elle s'impose dans les marches par à-coups, comme dans les filatures, tissage, train rapide de laminoir, bref, partout où il faut un démarrage brusque et rapide.

Toutefois, à cause de sa trop grande adhérence, on ne peut l'employer simple là où il y a débrayage à fourches, car le manque de rigidité transversale de la courroie fait que celle-ci se plie contre la fourche au lieu de glisser et que la courroie ne débraye pas.

Ces nombreuses qualités et son prix élevé ont amené naturellement une quantité d'imitations qui consistent essentiellement à donner une teinte verte au cuir. La moins grave de ces imitations est le *Buffle Chrome*, très irrégulier, qui manque de souplesse et d'adhérence, et ne peut utilement s'employer qu'en courroies simples.

Nous espérons que ces indications pourront contribuer à aider les industriels dans le choix judicieux des courroies dont ils ont constamment besoin.

Épaisseur normale des courroies.

La ***courroie simple en cuir au chêne*** varie de 3,5 à 7 mm, au grand maximum 8. Les épaisseurs plus fortes ne peuvent être obtenues normalement que dans des cuirs spéciaux, qu'il est très difficile de se procurer. C'est pourquoi, à partir de 7 mm, nous préconisons la courroie double avec collage spécial donnant à peu près la même souplesse que la courroie simple. En général, les courroies ne doivent pas avoir moins de 5 mm d'épaisseur.

La ***courroie double*** peut avoir jusqu'à 14 à 15 mm. Passé cette épaisseur, la courroie triple ou l'emploi de ***courroies chrome*** s'imposent, l'adhérence et la résistance de ces cuirs permettant de diminuer la section pour un même travail.

Choix de la courroie en cuir

1. Pour courroies fonctionnant à une vitesse supérieure à 30 mètres par seconde, il est préférable de faire usage de ***cuir chromé*** de densité moindre et plus résistant.
2. Pour les ***courroies de grande portée***, il convient de donner une certaine raideur à la courroie en augmentant l'épaisseur ou en intercalant une couche de toile spéciale.
3. Par contre, pour courroie fonctionnant avec enrouleur Lénix, il faut, autant que possible, diminuer d'épaisseur, et n'employer, s'il le faut, que des ***courroies doubles spéciales en échine de vache soudée et assouplie.***
4. Pour les courroies de brasseries, malteries, et en général destinées à marcher dans des milieux humides, il est recommandable d'employer la courroie ***imperméable***, imbibée d'un mélange spécial qui la protège contre l'action néfaste des chaleurs humides ou vapeurs acides.

5. Pour ***courroies de précision*** ou grande vitesse (dynamos, ventilateurs) il faudra une courroie en échine (milieu du dos), sans couture, pour éviter toutes causes de glissements ou de chocs. De là, l'emploi de la courroie soudée, sans coutures (voir plus loin).
6. Pour les courroies qui débrayent souvent, fonctionnant dans la poussière ou pour lesquelles la poulie réceptrice est plus petite que la poulie motrice, il convient d'augmenter l'épaisseur au détriment de la largeur.
7. Dans le cas de ***transmission verticale***, il faut donner une tension de pose plus grande, par conséquent augmenter l'épaisseur.
8. Selon la force à transmettre, la régularité de marche des diamètres de poulies, il peut être préférable de diminuer la section et de faire travailler la courroie à une charge unitaire supérieure.

On a avantageusement remplacé des courroies de 12 mm par des courroies de 5 à 6 millimètres.

Courroies en lanières de cuir.

Ces courroies ont été inventées par Magaldi vers l'année 1900 et sont surtout connues sous le nom de ***courroies Titan***. Elles se composent de lanières de cuir ***travaillant sur champ***, reliées entre elles par des broches en acier disposées en quinconce, de façon à permettre à la courroie de prendre exactement la courbure de la jante de la poulie. Ces courroies sont remarquables par leur grande souplesse qui persiste malgré leur épaisseur d'un à deux centimètres.

L'adhérence de ces courroies sur les poulies est bien plus considérable que celle des courroies pleines, ce qui s'explique facilement : d'abord parce qu'elles s'adaptent exactement à la forme de la jante, tandis que la courroie pleine doit se courber sur le bombé ; ensuite parce que, la courroie Magaldi étant formée de brins séparés par des intervalles, l'air n'est pas entraîné et emprisonné entre la jante et la courroie où il diminue considérablement le coefficient de frottement : il n'y a plus de ***coussin d'air*** interposé entre la jante et la courroie.

Enfin, le coefficient de frottement du cuir travaillant sur champ est, d'après les expériences faites, presque double de celui du cuir côté chair. Avec les courroies Titan, ce coefficient est pris entre 0,3 et 0,5, dans la pratique ; dans les expériences faites il atteint 0,7 à 0,8.

Il résulte de ces conditions favorables que, si la distance des arbres de transmission est assez grande, on peut faire travailler ces courroies avec le brin mou non tendu, ce qui diminue de presque moitié le frottement des arbres sur les coussinets.

Dans un intéressant mémoire, que MM. Getting et Jonas ont rédigé sur les courroies Titan, ils concluent de

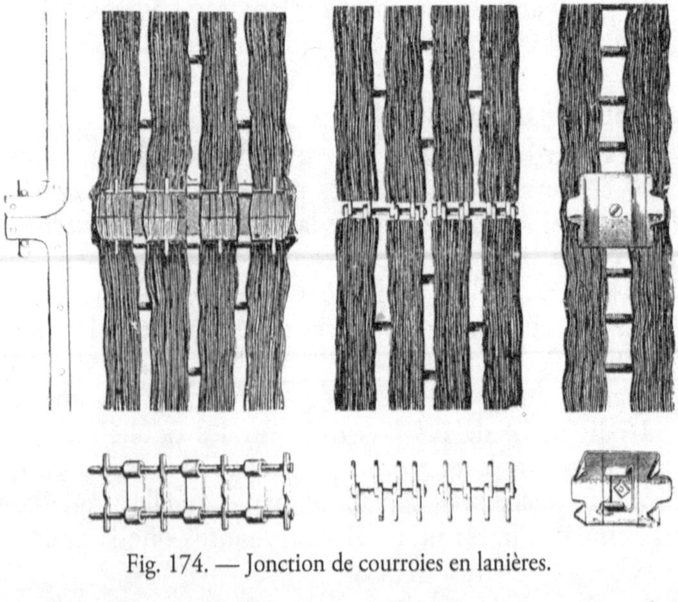

Fig. 174. — Jonction de courroies en lanières.

résultats d'expériences nombreuses à une économie de 30 % sur le travail perdu par le frottement des tourillons d'arbres et l'emploi de ces courroies permet d'utiliser des poulies moins larges que celles pour courroies pleines, d'où économie de poids et de métal tant sur les poulies que sur les arbres.

En résumé, si avec une courroie en cuir ordinaire on doit passer 700 centimètres carrés de surface de cuir sur la poulie pour transmettre une puissance donnée, il suffira de passer 420 centimètres carrés de courroie Magaldi-Titan pour transmettre la même puissance ; la courroie Titan n'a donc besoin que des six dixièmes de la surface de contact de la courroie en cuir (42 / 70 = 0,6).

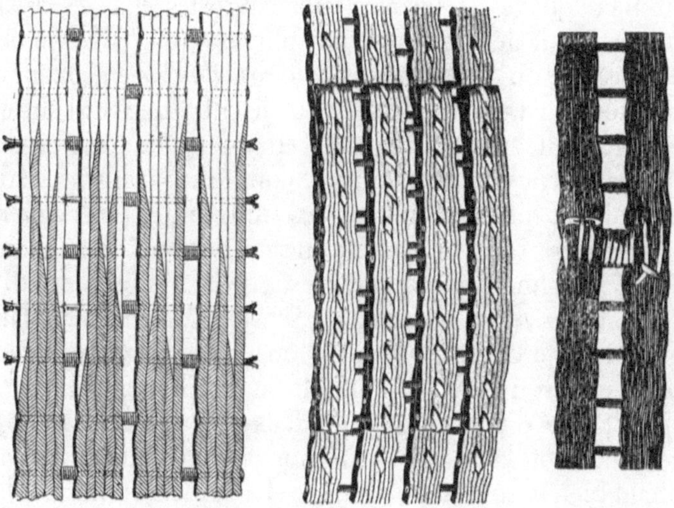

Fig. 175. — Jonction des courroies Titan.

Les courroies Titan s'appliquent dans tous les cas de la courroie en cuir plein, spécialement pour accouplements élastiques (fig. 79 D) et pour transporteurs horizontaux ou élévateurs ; nous en parlons dans le volume IV de cette Encyclopédie sur les *Appareils de levage et de transport.*

La jonction de ces courroies se fait avec des agrafes Lagrelle ou Jackson du même genre que celles employées pour les courroies plates, mais elles se prêtent fort bien à la ***jonction sans fin*** soit en mettant les brins bout à bout et en les assemblant par des agrafes spéciales en **U** (fig. 174) ; soit en enchevêtrant les lanières les unes dans les autres et en y passant des goupilles fendues, comme le montre la figure 175. Quand cette dernière jonction est bien exécutée, il est presque impossible de voir où elle se trouve et elle ne fait pas signe de son passage sur les poulies ou galets d'enrouleurs.

Courroies doubles, triples et à talons.

Pour transmettre des efforts tangentiels élevés, on est bien obligé de recourir aux courroies épaisses et, le cuir n'ayant, généralement pas plus de 6 à 7 millimètres d'épaisseur, on constitue une ***courroie double*** en collant et cousant ou rivant deux épaisseurs de cuir l'une sur l'autre ; une courroie triple avec trois épaisseurs de cuir rivées, collées ou cousues. Ces courroies ont l'inconvénient d'être très raides ; elles s'appliquent mal sur la jante et ne peuvent évidemment servir utilement que sur des poulies de grand diamètre, afin que la différence de tension entre les cuirs dessus et dessous ne soit pas trop sensible. Pour éviter autant que possible cet inconvénient, on emploie la ***courroie à talon*** qui est une courroie simple ou double augmentée, de chaque côté d'une bordure de deux à cinq centimètres de largeur, selon la largeur de la courroie ; la courroie à talon prend bien la courbe de la poulie. La figure 176 montre les

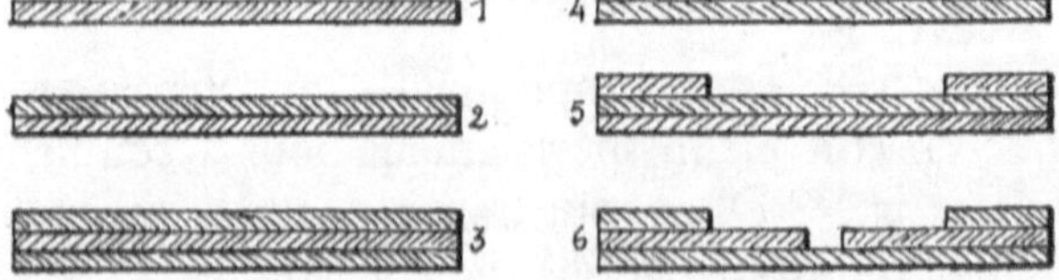

Fig. 176. — Courroies doubles et à talons.

coupes des diverses courroies multiples. Nous devons dire que ces courroies à plusieurs épaisseurs de cuir ne se font plus guère maintenant, vu le prix très élevé du cuir et de la main-d'oeuvre ; on les remplace, du reste par des courroies genre Magaldi ou par des câbles multiples sur poulies à gorge, (voir volume VI).

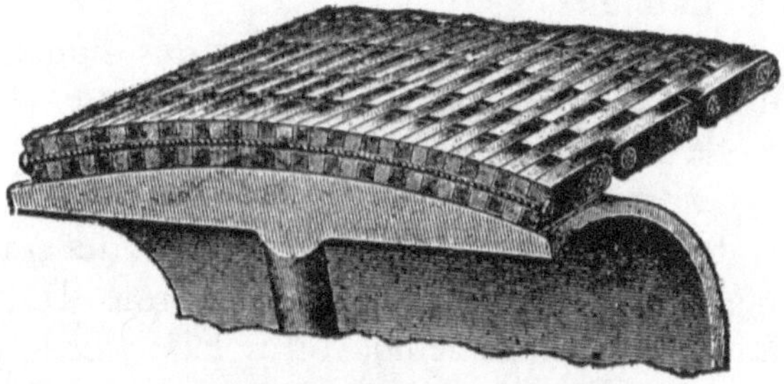

Fig. 176 bis. — Courroie à maillons.

Les courroies à maillons que représente la figure 177 sont composées de petits éléments de cuir de 0m,10 environ de longueur et 0m,02 de largeur ; travaillant sur champ et assemblés par des tiges ou câbles d'acier ; ces courroies ont été employées en Angleterre pour la commande de grosses dynamos ; elles ont évidemment une grande souplesse et les qualités d'adhérence des courroies en cuir sur champ.

Courroies en tissus.

Depuis près de cinquante ans, on se préoccupe de remplacer le cuir, dont le prix est très élevé, par des tissus de coton, de lin, de chanvre ou de poils d'animaux. On a essayé d'abord de former ces courroies par plusieurs plis ou bandes d'un tissu très fort cousues puis agglomérées avec un enduit hydrofuge convenablement choisi, mais elles manquaient d'homogénéité : les tensions inégales des diverses bandes de tissu les désagrégeaient et on les fait maintenant au moyen de plusieurs chaînes superposées réunies par une trame qui passe successivement de l'une à l'autre chaîne, de façon à former un seul tissu épais, homogène et très résistant en tous sens. On fait ainsi des courroies composées de sept à huit rangs de fils de chaîne.

Les courroies en chanvre ou en coton sont enduites d'une composition à base d'huile de lin leur permettant de résister à l'humidité.

Les courroies dites ***Balata*** sont formées d'un tissu de coton imprégné entièrement d'un enduit à base de gutta-percha et de caoutchouc.

Les courroies en poils de chameau sont tissées en poils ou crins de cet animal ; elles peuvent supporter un effort de 1,5 kg par mm^2 de largeur de la courroie. Toutes ces courroies ont l'avantage de pouvoir se faire sans jonctions en toutes largeurs et longueurs ; mais, si elles supportent bien l'humidité, elles craignent la chaleur ; elles ne peuvent pas marcher croisées ni supporter de fréquents débrayages, car le frottement les effiloche et ne tarde pas à les mettre tout à fait hors d'usage ; pour leur permettre de supporter l'action des débrayages, certains constructeurs les bordent d'une bande de cuivre rivée.

On garnit les fourchettes de débrayage de *galets en porcelaine* pour éviter l'effilochage de la courroie.

Une courroie à 4 épaisseurs en coton a la force d'une courroie en cuir simple ; une de 6 épaisseurs coton a la force d'une courroie en cuir fort et une de 8 plis coton peut remplacer une courroie en cuir double.

Courroies en coton et fils métalliques.

La résistance de ces courroies est supérieure à celle des courroies en tissu non métallisé, chaque toron de chaîne renfermant un fil de fer galvanisé retordu avec lui.

La courroie en coton métallisé résiste aux débrayages, son allongement est insignifiant ; sa force dynamométrique à la rupture est de 500 à 550 kilos par centimètre carré de section dans le sens longitudinal.

Courroies en acier.

En 1910 on a fait, en Allemagne d'abord, puis en Belgique et en France des essais de courroies composées de rubans d'acier agissant comme une lame de scie à ruban sur des poulies garnies de liège ou de caoutchouc, comme les volants des scies à ruban. Il est à remarquer que les larges scies à ruban travaillent sur des volants en acier ayant 1^{m},20 au moins de diamètre sans aucune garniture élastique ni adhérente et l'entraînement de la scie, qui absorbe jusqu'à 40 chevaux se fait parfaitement bien, mais les volants sont légèrement bombés, 0,5 à 1 % de la largeur de la jante, et les scies sont tensionnées, c'est-à-dire qu'elles ont elles-mêmes une coupe transversale légèrement courbe par allongement, au laminoir à froid, de leurs fibres médianes. Il paraît que les essais de ces transmissions avec courroies d'acier avaient donné de bons résultats et nous pensons que l'on pourrait s'inspirer des données des scies à ruban mises en tension pour arriver à une solution définitive de ce problème.

La Société des Aciers Suédois Sandwik fabrique des bandes d'acier très minces employées comme courroies de transporteurs et aussi comme courroies de transmission ; nous en avons parlé dans le volume IV (*Appareils de levage et de transport*) et voici les renseignements que nous communique cette firme au sujet de l'emploi des bandes d'acier pour la transmission de force :

- Largeur des bandes : de 40 à 250 millimètres.
- Épaisseur des bandes : de 0,3 à 1,1 mm, selon les largeurs.
- Il faut que la longueur de la bande soit au moins aussi grande que sa vitesse par seconde. Comme exemple, la longueur d'une bande ayant une vitesse de 20

mètres par seconde ne doit pas être sensiblement au-dessous de 20 mètres, mais il est avantageux que la longueur de la bande d'acier dépasse le chiffre de la vitesse en mètres par seconde.

– Les poulies, qui sont cylindriques, doivent avoir un diamètre plus grand que dans le cas de courroies en cuir, etc., et le rapport entre l'épaisseur de la bande et le plus petit diamètre permis est d'ordinaire environ 1 : 1600, mais varie entre 1 : 1300 et 1 : 3000 selon les circonstances. Les poulies sont en général munies d'une garniture de minces feuilles de liège un peu plus larges que la bande. Il est important que les arbres des poulies soient exactement horizontaux et rigoureusement parallèles, et que les poulies ne présentent aucune excentricité. L'assemblage de la bande se fait au moyen d'une attache spéciale.

– Si une seule bande ne suffit pas pour transmettre la puissance désirée, on peut se servir de plusieurs bandes parallèles sur la même poulie, avec un écartement d'environ 100 mm entre les bords. Des transmissions importantes transmettant jusqu'à 3 000 CV ont été installées. Grâce à un glissement minime et aux flexions élastiques, le coefficient de rendement est de 99-99,5 %).

Troisième Partie

CHANGEMENTS DE VITESSE
ET DÉBRAYAGES
PAR COURROIES

CHAPITRE I

CHANGEMENTS DE VITESSE PAR COURROIE

Poulies étagées.

Les ***cônes à gradins*** ou ***étages*** (fig. 114) sont largement employés pour la commande des machines-outils ; on se borne généralement à les calculer de façon que la somme des diamètres des poulies qui sont en relation soit constante ; si l'un des cônes a, par exemple, les diamètres 10, 20, 30, 40, l'autre peut avoir 50, 40, 30, 20. Souvent on fait les deux cônes étagés semblables l'un à l'autre.

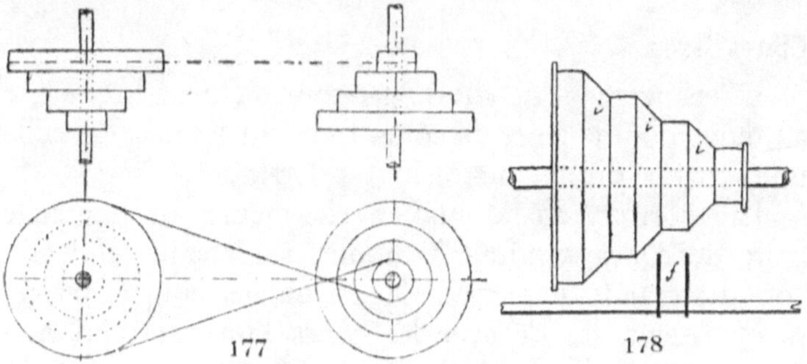

Fig. 177 et 178. – Poulies étagées et avec rampes coniques.

Quand la courroie est croisée (fig. 177), la tension est la même sur tous les étages des dites poulies ; mais, quand c'est une courroie droite, elle est d'autant plus tendues que les poulies sont de diamètre plus différent : quand les brins sont parallèles, les deux poulies étant égales, elle a son minimum de tension ; mais c'est aussi le moment, où la transmission se fait dans les meilleures conditions, de telle sorte que la tension de la courroie droite augmente pour ainsi dire automatiquement sur les étages des poulies à gradins quand la transmission devient défectueuse par suite de la différence des diamètres des poulies en relations.

Reuleaux a fait à ce sujet une savante étude qui n'apparaît pas absolument nécessaire du moment que la distance des arbres ainsi commandés est assez grande ; en ce cas, l'élasticité de la courroie suffit à réaliser une excellente transmission à vitesses variables. Nous donnons plus loin un procédé empirique pour graduer les dimensions des cônes et par conséquent, des poulies étagées, de façon que la tension de la courroie droite reste pratiquement constante (fig. 182).

Pour faciliter le passage de la courroie d'un étage à l'autre, on peut mettre des pentes entre les gradins, comme figure 178. Ce dispositif a été appliqué jadis sur des automobiles.

Cônes lisses.

Le changement de vitesse par courroie peut être réalisé au moyen d'une paire de cônes lisses sur lesquels travaille une courroie droite ou croisée (fig. 179).

La courroie, abandonnée à elle-même sur une telle paire de cônes, tendrait à monter sur chaque cône du côté des grands diamètres. On est obligé, pour éviter cet inconvénient, de ***dévoyer*** les cônes l'un par rapport à l'autre, comme le montre la figure 179.

D'après Barré et Vigreux, la quantité dont il faut dévoyer les cônes est égale à la distance d'axe en axe multipliée par (tang α / 2), α étant le demi-angle au sommet du cône.

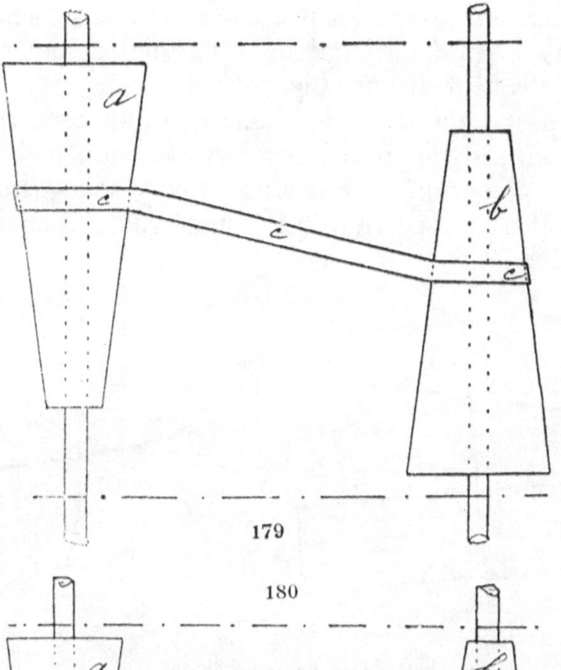

FIG. 179 et 180. — Cônes lisses.

Ou bien on place à l'entrée de la courroie sur chaque cône un *galet-guide* qui empêche la courroie de monter vers le grand diamètre du cône (fig. 180).

On peut transmettre de même entre un cône et un cylindre, (fig. 181) en obliquant les axes l'un sur l'autre afin que la courroie reste tendue ou en y adjoignant un galet tendeur qui sert en même temps à guider la courroie sur le cône.

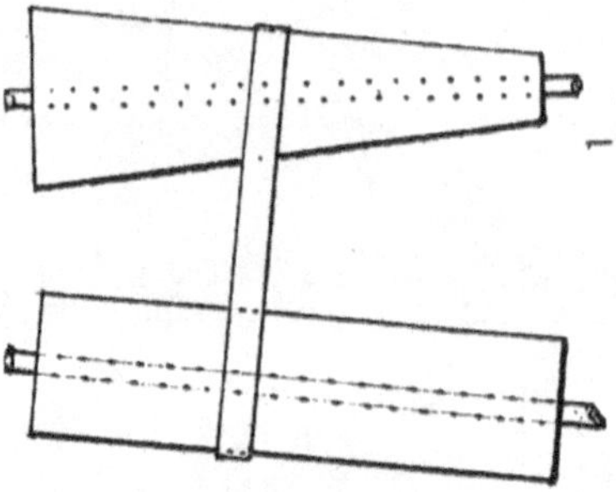
181

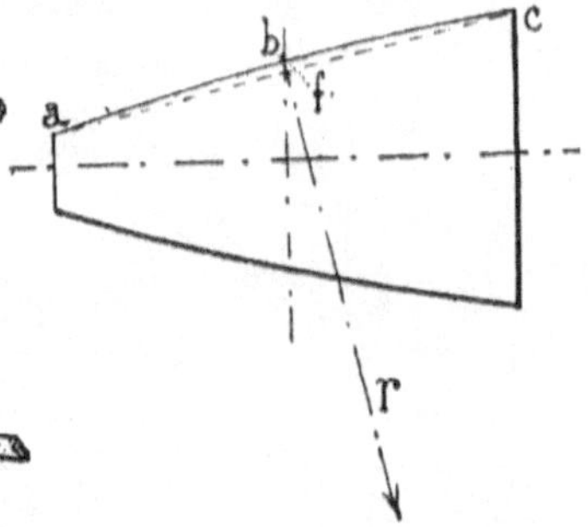

182

Fig. 181. — Cône et cylindre.
Fig. 182. — Cône à génératrices courbes.

Quel que soit le procédé employé, la courroie travaille dans de très mauvaises conditions sur un tel équipage. Ceci est facile à comprendre, puisque toutes les portions de la courroie ne sont pas entraînées à la même vitesse par les cônes, dont aucune tranche circulaire n'a la même ***vitesse linéaire*** que sa voisine immédiate.

La courroie est donc sur ces cônes en état de glissement perpétuel, ce qui la fatigue et l'étend rapidement. Ces transmissions par cônes lisses sont assez souvent employées dans l'industrie, les filatures et teintureries par exemple, pour transmettre de faibles forces au moyen de volumineux cônes en bois ayant une grande distance d'axe en axe. Le résultat est ainsi satisfaisant. Mais il ne nous paraît pas que ce procédé puisse être appliqué dès qu'il faut transmettre des efforts considérables avec des appareils peu encombrants, par exemple aux voitures automobiles, malgré les tentatives qui ont été faites jadis.

On a cherché à atténuer les défauts ci-dessus en employant des cônes à génératrices courbes (fig. 182)

Cônes pénétrants par leurs génératrices.

Nous avons fait breveter en France, en 1899, un procédé de changement de vitesse par courroie travaillant à l'intersection de quatre cônes qui se pénétraient deux par deux par leurs génératrices, ainsi que le représente la figure 183. Dans notre appareil, qui avait été construit en vue d'actionner une voiture automobile, nos cônes étaient formés de lames d'acier *ll* montées sur des carcasses tronc coniques en bronze *cc*. Les cônes ajourés ainsi constitués coulissaient le long des arbres hexagonaux *a* et *b*. Leur mouvement était commandé par un système de tringles *ll* et une vis à pas très allongé.

Nous fîmes, l'année suivante (1900), breveter une construction spéciale de la courroie, pour lui permettre de se maintenir dans la ligne *xx* ; la forme est celle d'un V très ouvert. Nous avons fait de 1899 à 1900 des essais très nombreux et très intéressants avec cet appareil ; mais son rendement est mauvais, ainsi qu'il résulte d'expériences irréfutables que nous fîmes avec deux dynamos et tout le contrôle désirable. Il est facile de s'expliquer pourquoi le rendement de cet appareil et de ses similaires employant une courroie est mauvais, les diverses portions de la courroie adhérant aux cônes ne sont pas entraînées à la même vitesse par les cônes, de là un glissement continuel et des tiraillements de la courroie qui diminuent considérablement le rendement du système, surtout si l'on emploie une courroie large et tendue, devant transmettre une puissance de plusieurs chevaux.

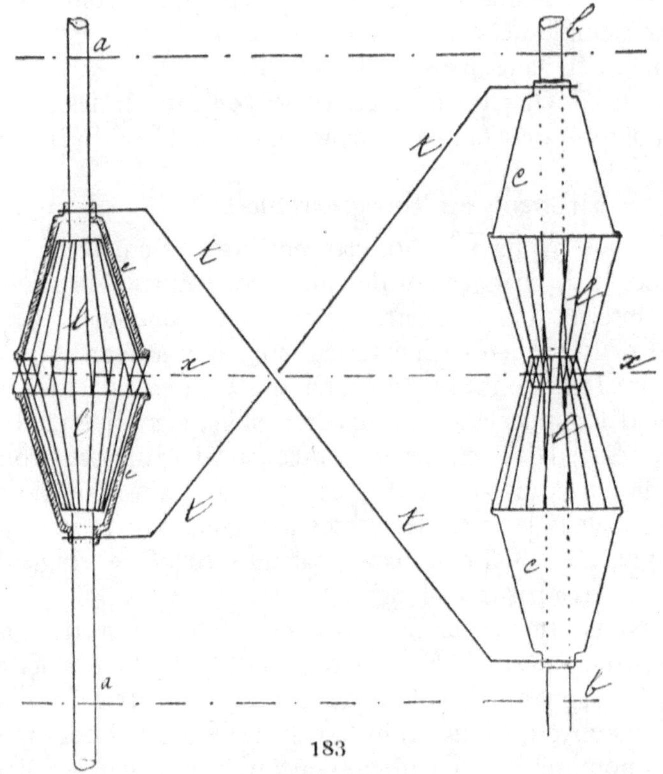

183

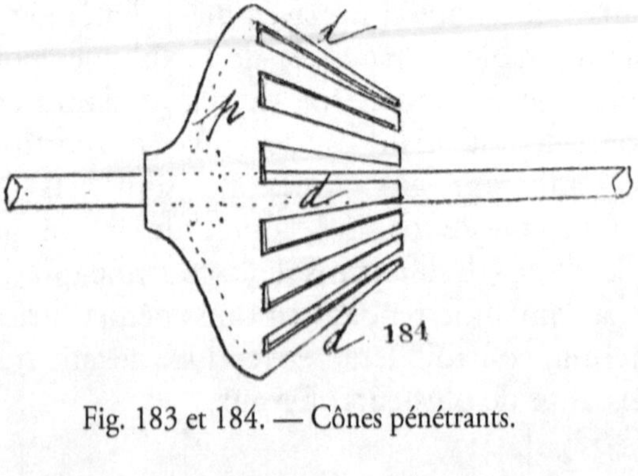

184

Fig. 183 et 184. — Cônes pénétrants.

Un dispositif analogue au nôtre était déjà connu, mais il était prévu pour l'emploi de sortes de plateaux à dents (fig. 184), qui réalisaient par le fait des troncs de cônes susceptibles de s'accoupler deux par deux avec leurs génératrices entrecroisées. Sur ces cônes croisés on faisait travailler un câble rond ce qui améliore le rendement mais diminue l'adhérence.

M. Fouillaron a fait vers l'an 1900 une voiture munie d'un appareil de ce genre ; elle eût à cette époque un certain succès.

Courroies travaillant sur des cônes.

Lorsque la courroie est croisée sur une paire de cônes lisses, ou sur un cylindre et un cône (fig. 179 à 181), sa tension est la même dans toutes ses positions ; mais si c'est une courroie droite, les variations de tension se produisent comme nous l'avons dit pour les poulies étagées. Les calculs de Reuleaux concluent à donner aux génératrices des cônes la forme d'une courbe d'apparence parabolique dont il donne la détermination exacte dans son célèbre livre *Le Constucteur* (fig. 182).

Nous avons cherché à résumer d'une façon simple qu'elle est l'amplitude de la flèche à donner à cette courbe pour maintenir pratiquement constante la tension de la courroie et nous arrivons à augmenter d'un vingtième de la différence des diamètres aux deux bouts, le diamètre moyen des cônes recevant une courroie droite soit, par exemple, un cône ayant 0^m,10 de diamètre d'un bout et 0^m,40 à l'autre bout ; la différence des diamètres sera 0^m,30 et nous augmenterions de 0,30 / 20 = 15 mm, le diamètre moyen qui est de 0^m,25 et qui deviendra ainsi 0,25 + 0,015 = 0,265, comme le montre la figure 182, en donnant à la courbe *abc* la forme d'un arc de cercle facile à tracer avec rayon *r* tel que la flèche *f*, soit de 7,5 mm.

Poulies extensibles.

C'est un problème de mécanique qui a fait travailler le cerveau des inventeurs ; il se pose d'une façon très simple :

Constituer une poulie dont la circonférence peut varier au gré du conducteur.

Il a été résolu pratiquement par un grand nombre de mécanismes plus ou moins heureux qui rentrent dans deux classes principales.

Les premiers sont basés sur les propriétés d'extensibilité par déformation de polygones articulés aux angles ; nos figures 185 et 186 montrent des schémas de principe de ce genre d'appareils.

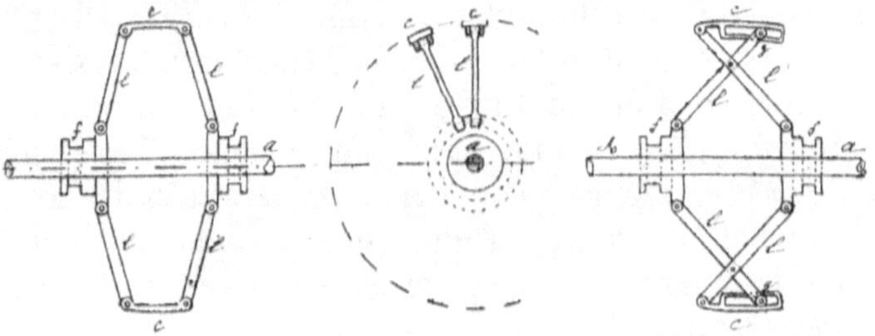

185 186

Fig. 185 et 186. — Poulies extensibles.

Sur un arbre *a* garni de clavettes, peuvent coulisser des manchons *ff*, commandés par des fourchettes et un système de leviers à la main du mécanicien ; la jante sur laquelle doit travailler la courroie est formée d'un grand nombre d'éléments *cc*, qui sont reliés par des tringles articulées *ll* aux manchons *ff*. Il est facile de voir qu'en éloignant l'un de l'autre les manchons *ff*, on rapprochera les éléments *cc* de l'axe *a*, on diminuera par suite la circonférence *cc*. Si, au contraire, on rapproche les deux manchons *ff*, le polygone *llc* s'allongera en augmentant le diamètre de la poulie extensible.

La disposition des éléments *llc* des poulies extensibles varient, bien entendu, selon les inventeurs, de même que le procédé employé pour relier plus ou moins bien entre eux les divers éléments de la jante sur laquelle repose la courroie ; mais la généralité de ces appareils fort nombreux peut se ramener à la conception que nous en indiquons par les croquis ci-dessus.

D'autres inventeurs ont proposé de réaliser la poulie extensible au moyen d'une lame d'acier enroulée sur elle-même en spirale à peu près comme un énorme ressort d'horloge. En déroulant plus ou moins ce ressort, on constitue une jante extensible et ***sans solution de continuité***. L'idée est ingénieuse, mais la difficulté est d'arriver à faire un mécanisme pratique et solide pour dérouler et enrouler la ***jante-spirale*** en question.

La difficulté de réalisation de toutes les poulies extensibles est, du reste, dans le grand nombre des pièces qui les composent, dans le peu de liaison que ces pièces ont entre elles et, en un mot, le peu de solidité et la complication des mécanismes sur lesquels doit travailler une courroie capable de grands efforts et tendue énergiquement.

Une autre difficulté réside dans ce fait que, pour que la courroie reste toujours convenablement tendue sur deux poulies extensibles travaillant ensemble, il faut que la somme des diamètres de ces deux poulies reste pratiquement constante, d'où la nécessité d'un mécanisme commandant simultanément les deux poulies qui travaillent ensemble et ce, avec la plus grande précision. Cette question n'est pas encore au point.

Défauts du changement de vitesse par courroie.

Quel que soit le système adopté parmi ceux que nous venons de décrire, on se heurte, dans ces dispositifs, au grave inconvénient suivant :

A la petite vitesse, la poulie de commande est de faible diamètre et celle réceptrice de très grand diamètre.

Lors de la grande vitesse, l'inverse a lieu, c'est la poulie de commande qui est très grande et la réceptrice très petite.

Dans le cas de la petite vitesse, la poulie de commande étant petite, la vitesse linéaire de la courroie devient très faible ; elle est, en sus, dans de mauvaises conditions d'adhérence sur la poulie de commande.

Dans le cas de la grande vitesse, la vitesse linéaire de la courroie est bonne mais elle est dans de mauvaises conditions d'adhérence sur la poulie réceptrice : arc embrassé trop petit.

Or, ces deux cas, petite et grande vitesse, sont précisément ceux où la machine a besoin d'utiliser le mieux la puissance du moteur, pour un démarrage ou la marche à l'allure maxima.

Dans les vitesses intermédiaires, où l'on a pas besoin du meilleur rendement de la transmission, la courroie se trouve dans de bonnes conditions, mais aux vitesses extrêmes elle laisse énormément à désirer, d'autant plus que l'arc embrassé sur la petite poulie diminue beaucoup dans le cas de la courroie droite ; il faut employer la courroie croisée pour conserver une adhérence suffisante aux vitesses extrêmes.

Les nombreux constructeurs qui ont tenté l'emploi de la courroie comme seul organe de changement de vitesse, n'ont pas été sans ressentir gravement les effets des défauts que nous venons de signaler et qu'il est, hélas, impossible d'éviter, c'est pourquoi sur les machines modernes, tours, fraiseuses, perceuses, les changements de vitesse sont faits par des trains d'engrenages.

Changement de marche par deux courroies.

L'une est droite, l'autre croisée ; elles sont commandées par le même débrayage qui pousse l'une sur la poulie fixe, tandis qu'elle amène l'autre sur une poulie folle, comme le montre la figure 187. Les vitesses avant et arrière peuvent être égales ou différentes : la figure 187 indique ce dernier cas.

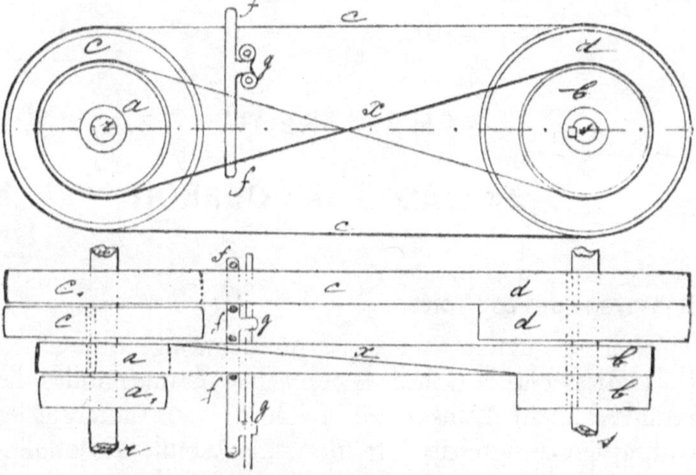

Fig. 187. — Débrayage et changement de marche.

Voir les renvois (fig. 130 à 135), pour la disposition des poulies.

Voir le renvoi à changement de marche, figure 140.

CHAPITRE II

DÉBRAYAGE PAR COURROIE

Débrayage des courroies.

Nous ne parlerons ici que du débrayage obtenu en faisant passer la courroie de la poulie fixe sur une poulie folle ou inversement. Dans un autre volume nous traiterons les embrayages progressifs à friction. L'ensemble des poulies fixe et folle peut se monter de trois manières :

1°. Les deux poulies, fixe et folle, peuvent être de même diamètre et de même largeur de jante ; elles sont placées côte à côte et leurs moyeux qui se touchent laissent entre les tranches des jantes un espace libre de 3 à 5 mm. C'est la disposition la plus anciennement connue. Une simple fourchette commandée par un levier suffit pour amener la courroie de la poulie fixe sur la poulie folle et vice versa.

2°. Les deux poulies sont placées côte à côte, comme précédemment mais la poulie folle a un diamètre sensiblement plus petit que la poulie fixe (fig. 126) et sa jante plus large se raccorde au diamètre de cette dernière par une partie conique terminée par une autre cylindrique. Ce dispositif très avantageux permet de détendre la courroie quand la transmission est débrayée ; elle est donc moins fatiguée et les paliers moins chargés.

Dans les deux cas qui précèdent, la poulie fixe est toujours réceptrice, et la poulie folle tourne constamment pendant le débrayage.

3°. La poulie folle peut être montée à côté de la poulie motrice, et au lieu de tourner sur l'arbre, comme dans les deux cas précédents, elle tourne sur un ***support fixe formant tourillon***, représenté figures 119 et 124. Dans ce cas, les bords des jantes des poulies fixe et folle sont tournés en forme de cônes extérieur et intérieur.

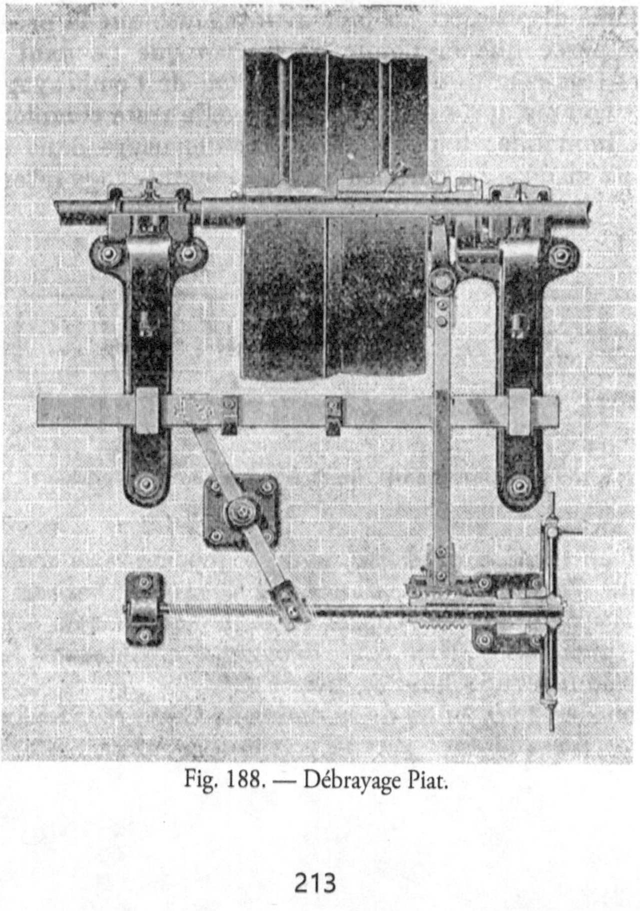

Fig. 188. — Débrayage Piat.

Le mouvement que montre la figure 188, comporte deux mécanismes : le premier sert à rapprocher la poulie folle de celle fixe pour lui faire communiquer par le contact des cônes la rotation nécessaire pour favoriser le glissement de la courroie d'une poulie sur l'autre ; le second se compose de la tringle et de la fourchette de débrayage qui sont employées pour produire le glissement lorsque la poulie folle est en mouvement. Cette troisième disposition est plus avantageuse que la précédente parce que la poulie ne tourne que pendant le temps très court que dure l'opération de l'embrayage ; avant comme après cette opération, elle reste complètement immobile ; il n'y a donc aucune usure dans les organes et on a l'assurance qu'aucun embrayage intempestif ne peut se produire, pour n'importe quel motif, puisque l'arbre de commande passe sans le toucher à l'intérieur du support-tourillon de la poulie folle.

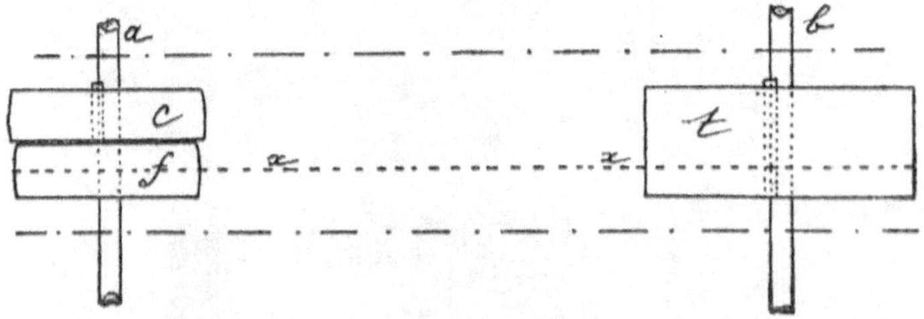

Fig. 189. — Commande de deux poulies par un tambour.

De plus, les paliers sont déchargés entièrement du poids de la poulie folle et, pendant le débrayage, de la tension des deux brins de la courroie. Cette disposition, très recommandable, peut être employée même pour des poulies et des courroies de grandes dimensions.

Le ***tambour*** (fig. 189), commandant les poulies fixe et folle a la jante cylindrique et, pour largeur, la somme des largeurs des deux poulies ; s'il y a deux poulies folles très larges et une fixe, comme figure 130 (renvoi pour tour), le tambour doit être aussi large que les trois poulies ensemble.

La fourchette de débrayage doit agir sur le brin mou ou brin conducteur de la courroie, aussi près que possible du point où ce bras s'engage sur la poulie réceptrice.

Pour obtenir une plus grande rapidité dans le débrayage et l'embrayage, on peut combiner un système de deux fourchettes agissant l'une sur le brin mou à l'endroit où il va s'engager sur la poulie commandée, l'autre sur le brin tendu à l'endroit où il va s'engager sur la poulie motrice. La courroie est ainsi déplacée très rapidement et reste bien droite dans son mouvement de translation, ce qui n'est pas le cas lorsqu'on n'emploie qu'une seule fourchette agissant sur le brin mou. La courroie sera ainsi moins fatiguée et moins détendue par les transports réitérés d'une poulie sur l'autre.

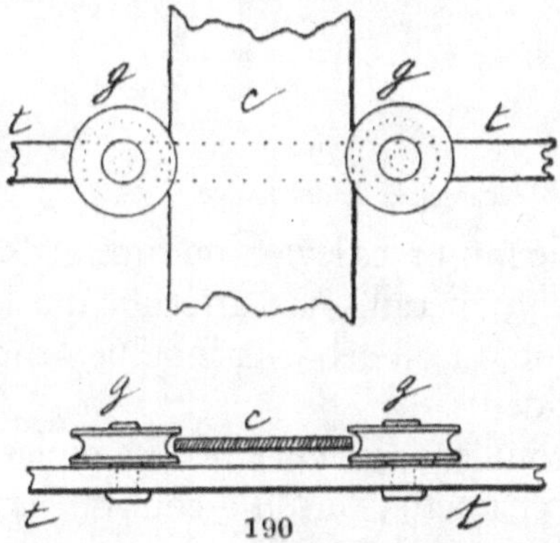

190

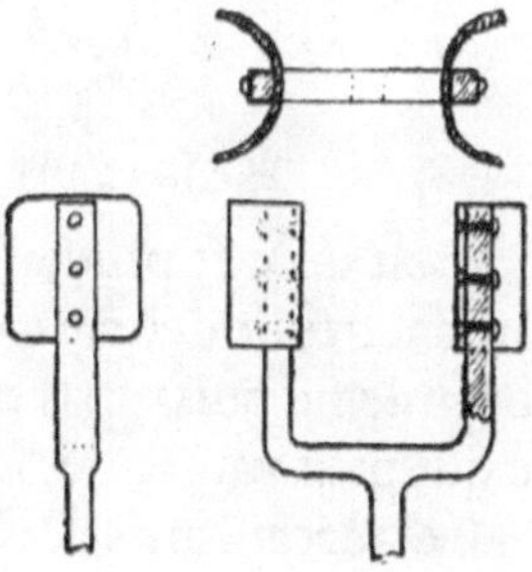

191

Fig. 190. — Fourchette avec galets.
Fig. 191. — Fourchette à plaques convexes.

La courroie ne passe facilement d'une poulie sur l'autre que si la distance des arbres est assez grande (3 fois au moins le diamètre de la plus grande poulie), si la tension n'est pas exagérée et si la courroie n'est pas trop large par rapport à la distance des arbres : nous avons vérifié pratiquement que si la distance entre les arbres n'est pas d'au moins 30 fois la largeur de la courroie, le passage d'une poulie sur l'autre est pénible. Les courroies à grande vitesse passent difficilement d'une poulie sur l'autre. Nous signalons ces cas particuliers pour que le constructeur prévoie des appareils énergiques.

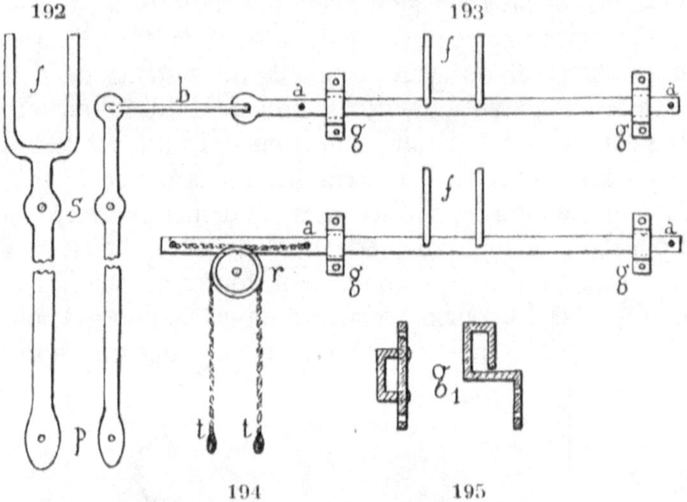

Fig. 192 à 195. — Mécanismes de débrayage.

Il est utile et prudent de munir les leviers ou tirettes des fourchettes de débrayage d'un mécanisme d'arrêt afin que la courroie ne puisse pas embrayer ou débrayer inopinément, ce qui peut causer des accidents.

Ces mécanismes de verrouillage peuvent être très simples : goupille retenue par une chaînette, verrou à coulisse, etc. Les figures ci-après montrent quelques dispositifs simples et pratiques pour fourchettes de débrayage.

- Figure 192. Fourchette pivotant en S sur un boulon ou tire-fond.
- Figure 193. Débrayage coulissant dans deux guides *gg*, articulé par une biellette *b* avec un bras de manoeuvre pivotant en S (sur les poignées P, on perce un trou pour recevoir une goupille d'arrêt

immobilisant le levier). Figure 194. Débrayage coulissant en *gg*, actionné par deux tirettes *tt* passant sur deux poulies superposées en *r*.

- Figure 195. Modèles de glissières faites en fer plat pour tiges coulissantes.

Voir d'autre part :

- Figure 129. Débrayage par levier oscillant commandé par deux tirettes.
- Figures 130 à 132. Débrayage par tiges coulissantes commandées par tirettes ou levier.
- Figure 135. Débrayage par tige coulissante à poignée.

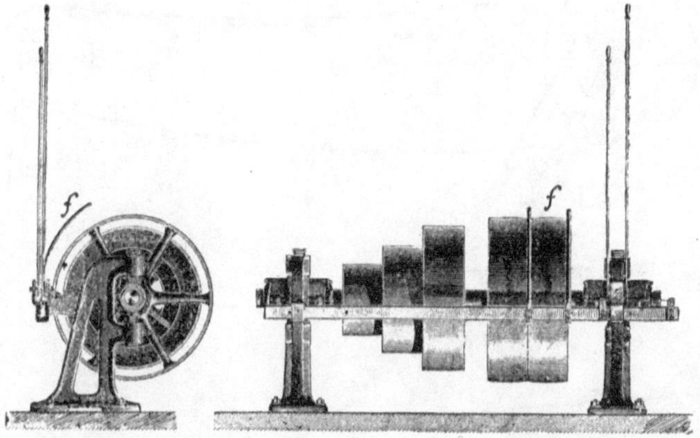

196

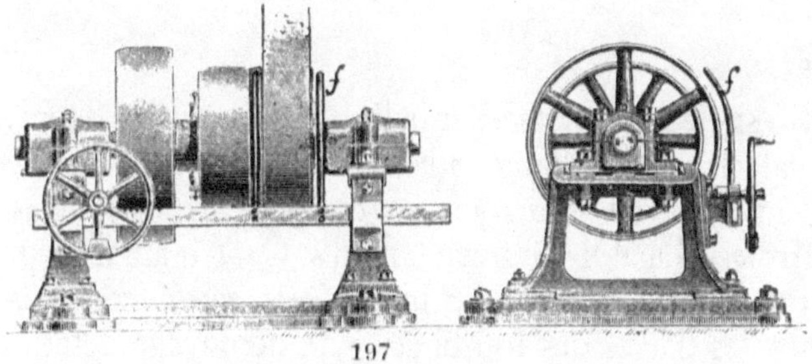

197

Fig. 196 et 197. — Mécanismes de débrayage.

La figure 188 montre un débrayage commandé par une vis, la figure 196 une commande par levier oscillant et la figure 197 une commande par crémaillère (*Piat*). Bien entendu, les branches des fourchettes de débrayage doivent être en fer rond, c'est-à-dire sans angles vifs capables d'écorcher la courroie ; on les garnit quelquefois de plaques de tôle convexes, comme le montre la figure 191 qui adoucissent le passage de la courroie.

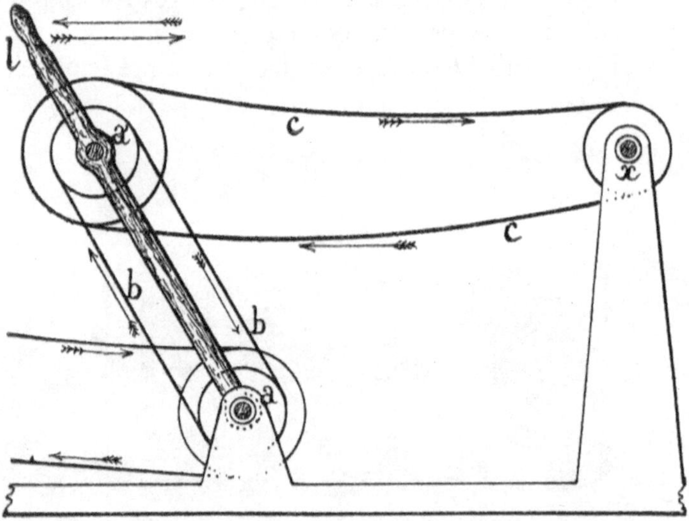

Fig. 198. — Transmission par mouvement planétaire formant débrayage.

Galets.

Il est nécessaire de munir les fourchettes de débrayage de galets en porcelaine ou en bois (fig. 190) pour leur contact avec les courroies en coton, balata, poils et les courroies Magaldi-Titan en lanières. On fait aussi ces galets en rondelles de cuir comprimées (*Getting-Jonas*). Sans ces galets, les barres des fourchettes de débrayage détériorent rapidement les lisières des courroies en tissus.

Débrayage par détente de la courroie.

Ce système a l'inconvénient d'échauffer la courroie parce qu'elle porte plus ou moins sur la poulie motrice malgré qu'elle soit aussi détendue que possible ; il a été employé dans la construction d'automobiles et dans certaines machines.

On peut le réaliser en rapprochant l'arbre moteur de l'arbre commandé, ce qui est facile quand la force est fournie par un moteur électrique ou un moteur léger à essence, le moteur étant monté sur un chariot à glissières que l'on rappelle par un levier, ou encore sur un bras oscillant s'il s'agit d'un moteur très léger. Ce dernier procédé est employé sur des machines à coudre, machines à percer, etc., mues par moteur électrique. (*Voir galets-tendeurs et enrouleurs.*)

On réalise facilement ce débrayage par détente avec un bras oscillant supportant la poulie motrice que l'on commande par une courroie, comme le montre la figure 198, la distance *aa'* étant constante et la distance *a'x* variable par action sur le levier *l* qui permet de tendre ou détendre la courroie *cc*.

Passe-courroie.

Ces appareils ont pour but de monter ou descendre à volonté et sans danger une courroie d'une poulie réceptrice. Ils remplacent non seulement le débrayage mais aussi la poulie folle, car ils font tomber complètement la courroie sur un support immobile ; la courroie est ainsi complètement détendue quand elle ne travaille pas, ce qui lui permet de récupérer toute son élasticité. La figure 199 représente un de ces mécanismes construit par MM. Piat à Paris.

Au repos la courroie est tombée sur un galet *z* complètement détendue. Pour l'embrayage on tire sur la corde L ce qui fait pivoter le support *z* et une fourchette M qui force la courroie à monter sur les poulie et, quand on abandonne la corde L, le contrepoids *n'* ramène le galet *z* et la fourchette M à la position de repos.

Fig. 199. — Passe-courroie Piat.

Pour le débrayage, on tire sur la corde U, ce qui fait avancer le galet T contre la courroie ; entraînée hors de la poulie, la courroie tombe sur le galet *z*.

QUATRIÈME PARTIE

CALCUL DES COURROIES

CHAPITRE I

CALCUL PRATIQUE ET RAPIDE DES POULIES ET DES COURROIES D'USAGE COURANT

(Voir aussi Chapitre II, première partie).

INDICATIONS UTILES A DONNER EN COMMANDANT UNE COURROIE.

1. Force à transmettre en chevaux-vapeur.
2. Diamètre des poulies et le nombre de tours par minute de l'une d'elles.
3. Largeur des poulies.
4. Distance d'axe en axe.
5. Nature de la transmission ou de l'appareil actionné.
6. La température normale de la salle (humide, chaude, sèche.).
7. La courroie fonctionne-t-elle droite ? croisée ? demi-croisée ? avec ou sans débrayage ? horizontale ? verticale ?

CALCUL DES DIMENSIONS DES COURROIES.

Nous donnons ci-dessous quelques formules très simples permettant de déterminer la section des courroies, selon leur nature. Soit :

N Nombre de chevaux-vapeur à transmettre.
n Nombre de tours, par minute de cette poulie.
D Le diamètre de l'une des poulies (exprimé en mètre).
S La section de la courroie (en millimètres carrés).

FORMULES.

Cuir :	S = (12 500 x N) / (D x N)
Coton :	S = (10 000 x N) / (D x *n*)
Balata :	S = (8 000 x N) / (D x *n*)
Poil de chameau :	S = (9 000 x N) / (D x *n*)

Exemple : Nous désirons transmettre 20 CV avec une poulie de 1^{m},20 de diamètre et qui tourne à 150 tours ; *quelle sera la largeur d'une courroie simple en cuir de 7 mm d'épaisseur* ?

S = (12 500 x 20) / (1 200 x 150) = 1 388 mm.

Pour obtenir la largeur, nous divisons 1 388 par l'épaisseur soit 7 mm : 1 388 / 7 = 198 mm.

Par excès on devra donc employer une courroie de 200 mm.

La jante d'une poulie doit avoir toujours un centimètre de largeur de plus que la largeur de la courroie.

Formules de calcul des poulies.

Soient : D le diamètre de la poulie motrice ; *d* le diamètre de la réceptrice ; N le nombre de tours de la motrice et *n* le nombre de tours de la réceptrice ; on a :

$$DN = dn$$

ou $D = dn / N$ $\quad d = DN / n$

$n = dn / D$ $\quad n = DN / d$

TABLEAU INDIQUANT LA PUISSANCE QUE PEUT TRANSMETTRE, A 100 TOURS PAR MINUTE, UNE POULIE DE DIAMÈTRE DONNÉ.

Epaisseur de la courroie	Largeur de la couronne	DIAMÈTRES																
		200	400	600	800	1000	1200	1400	1600	1800	2000	2200	2400	2600	2800	3000	3500	4000
		HP	HP	HP	HP	HP	HP	HP	HP	HP	HP	HP	HP	HP	HP	HP	HP	HP
5 m/m	80	0.4	0.9	1.4	1 8	2 4	2 8	3.3	»	»	»	»	»	»	»	»	»	»
	100	0 9	1.8	2.6	3 5	4 4	5 2	6 1	7.	7 8	8.7	9 6	10.4	»	»	»	»	»
6 m/m	120	1.2	2.5	3 8	5.	6.3	7 5	8 7	10	11 2	12.4	13 7	15.	16 1	17 5	18 7	»	»
	150	1.6	3 2	4.8	6.3	7.8	9 4	11	12.6	14 1	15 6	17.2	18.9	20 4	22	23.5	»	»
	180	2 2	4 4	6.7	8.8	11	13.2	15.4	17.6	19.8	21.9	24 1	26 3	28.5	30.7	32 8	»	»
7 m/m	200	2.5	5.	7.4	9.8	12 2	14.8	17 1	19 6	22.	24.4	26.9	29.3	31.7	34.1	36 6	»	»
	250	3.2	6.2	9 2	12 2	15.2	18.3	21 4	24 4	27.4	30.3	33 4	36 5	39 5	42.5	45.5	»	»
	300	»	8	13	17.	21.	25.	29.	34	38.	42.	46.	50	54.	59.	63.	73	84
	350	»	10	15.	20	24.	29.	34.	39.	44.	49.	54.	59.	63	68	73	85	98
8 m/m	400	»	»	17	22	28	33	39.	45	50.	56.	61	67.	72	78	84.	97	111
	450	»	»	»	»	31	38.	44	50	56.	62	69.	74.	81.	88	94	100	125
	500	»	»	»	»	35	42	49	56	63	70	76	84	90.	97.	104	122	139
	600		»	»	»	43	50.	59.	67	75.	84.	92	100	109.	117.	125.	146	167

Glissement.

Quand une courroie travaille sur des poulies, elle ne transmet pas intégralement la vitesse de la poulie motrice à la poulie réceptrice ; la courroie subit un certain glissement sur la surface des poulies. L'importance de ce glissement est plus ou moins grande selon la manière dont la transmission est installée, selon les circonstances locales et selon l'état de la courroie ; ainsi :

- Le glissement est faible dans les cas suivants :
  - Poulies de grand diamètre et de diamètres peu différents ;
  - Courroies suffisamment larges et bien tendues ;
  - Arbres ayant une grande distance entre eux ;
  - Atmosphère propre et sèche.
  - Courroies souples et propres.
- Le glissement est considérable dans les cas suivants :
  - Poulies de très petit diamètre ou de diamètres très différents ;
  - Courroies insuffisamment larges ou détendues ;
  - Arbres trop rapprochés l'un de l'autre ;
  - Atmosphère chargée de poussières ou d'humidité ;
  - Courroies neuves manquant de souplesse
  - Courroies vieilles, chargées d'huile ou de graisse.

Parmi les défauts ci-dessus, certains peuvent se corriger facilement ; d'autres sont obligatoires par le fait des circonstances de l'installation.

Pour y remédier, nous tiendrons compte du glissement dans le calcul des diamètres des poulies :

Nous ajouterons de 2 % à 5 % au diamètre de la poulie motrice ou bien nous retrancherons de 2 % à 5 % au diamètre de la poulie réceptrice, selon que nous aurons à calculer l'une ou l'autre de ces poulies.

Ce coefficient de glissement qui varie de 2 % à 5 % sera choisi comme suit, pour des courroies droites, avec bonne distance d'arbres :

Sur 2 poulies de diamètre égal ou presque égal .... 1 %
Sur 2 poulies de diamètre différent...................................... 2 %
Sur 2 poulies de diamètre très différent .... 3 %

Si les arbres sont très rapprochés, dans le cas de poulies de diamètre très différent, nous adopterons 4 %.

Si l'atmosphère est poussiéreuse ou humide, si la courroie est grasse, nous prendrons toujours un coefficient de glissement de 1 % plus élevé que pour une atmosphère normale. Dans le cas de courroies croisées, le coefficient de glissement doit être réduit de 1 %.

Tableaux de calculs des courroies en cuir.

MM. Getting et Jonas, tanneurs à Saint-Denis, ont établi pour leurs courroies en cuir simple et double marque G. E. J. I. les tableaux suivants qui permettent de déterminer immédiatement les dimensions d'une courroie selon la puissance à transmettre, la vitesse linéaire et les diamètres des poulies.

Tableaux A et B

A – Tableau pour courroies simples

DIAMÈTRE des poulies	*Nombre de chevaux transmis par 100 m/m de largeur de cuir de 6 m/m épaisseur* — VITESSES DE LA COURROIE EN MÈTRES PAR SECONDE									
	3	5	7.5	10	12.5	15	17.5	20	22.5	25
	HP	HP	HP	HP	HP	HP	HP	HP	HP	HP
0m100	0.5	1.6	2.3	4	5	6	7.4	9	10.5	11.5
0m200	1	2.6	3.5	6	8	10	13	15	18	21
0m300	1,5	3.2	4.5	8	10.2	13.5	16.5	19,7	24	28.6
0m400	1,8	4	6	9	12	15,6	18	20,1	27.8	32,6
0m500	2	4.2	7	10	13,2	16.8	20	22.8	29.3	35.1
0m600	2,1	4.5	7.5	10,8	14	17.5	21.2	26.1	31	36
0m700	2.2	5	8	11.2	14.5	19	22.2	27.1	32.3	37.4
0m800	2.25	5.1	8.1	11.6	15.2	19.5	23	28.2	33.4	38.7
0m900	2.3	5.3	8.5	12	15.8	20	24	29	34.4	39.7
1m000	2.4	5.4	8.8	12.4	16.3	20.5	24.6	30	35.4	40.7
1m100	2.45	5.5	9	12.8	16,7	21	25.2	30.5	36.3	41.5
1m200	2,5	5.6	9.2	13,1	17	22.3	25.8	31.2	37	42.3
1m300	2.6	5.9	9.4	13.2	17.3	22.8	26.3	31,8	37.6	43.1
1m400	2.65	6	9.8	13,5	17.7	23	27	32.4	38.2	43.8
1m500	2.7	6.1	10	13.9	18	23.1	27.4	32.8	39	44.5
1m600	2.71	6,15	10.2	14,1	18.4	23.3	27.9	33.2	39.5	45.1
1m700	2.72	6.2	10,3	14.3	18.7	23.6	28.3	33.7	40	45.7
1m800	2.73	6.25	10.4	14.4	18.9	23.8	28.5	34	40.3	46.2
1m900	2.74	6.3	10.5	14.5	19.1	23.9	28.7	34.3	40.5	46.5
2m000	2.75	6.4	10.6	14.6	19.3	24.1	29.1	34.6	40.7	46.7

B – Tableau pour courroies doubles

DIAMÈTRE des poulies	*Nombre de chevaux transmis par 100 m/m de largeur de cuir double*									
	VITESSES DE LA COURROIE DOUBLE EN MÈTRES PAR SECONDE									
	3	5	7,5	10	12,5	15	17,5	20	22,5	25
	HP	HP	HP	HP	HP	HP	HP	HP	HP	HP
0m500	3.2	5.5	9	13	17	21	25	29	36,5	41.5
0m600	3,4	6.5	10	14,2	18,7	23,5	27,5	32	39,5	45
0m700	3,6	7	10,5	15,1	20.2	26	29.7	34,6	41,7	48.5
0m800	3.7	7,4	11,2	16,1	21,8	28	31,6	37,5	44,7	51,5
0m900	3.82	7,7	11,8	17,1	22,9	29,5	33,7	39,5	47,5	54,7
1m000	4	8	12,4	18,1	24,2	31,2	35,8	41,8	50	57.8
1m100	4,1	8,2	13	19	25,5	32,9	37.8	44	52,8	60
1m200	4,2	8,42	13,5	20	26,2	34,4	39,6	46,1	55,1	62,5
1m300	4,3	8,65	14	20,8	27,3	35,8	41,5	48,1	58,4	65
1m400	4,35	8,85	14,5	21,7	28,4	37,2	44,2	50,1	60,6	67,5
1m500	4.42	9	14,9	22,5	29,4	38,5	45,8	52	62,7	69,6
1m600	4,5	9,2	15,4	23	30,4	39,8	47,4	54,8	64,7	71,8
1m700	4,6	9,4	15,8	23,8	31,9	41	48,8	56,6	66,7	73
1m800	4,65	9,6	16,2	24,5	33	42,2	50,3	58,3	68,6	75,1
1m900	4,72	9,8	16,6	25,2	34	43,5	51,5	60	70,5	77,1
2m000	4,8	10	17	26	35	44,7	53	61,7	72,5	79,1

Ces deux tableaux indiquent la puissance qui peut être transmise, à diverses vitesses, par chaque décimètre de largeur de la courroie considérée, suivant le diamètre de la poulie sur laquelle elle s'enroule.

Le tableau A indique les puissances pour les courroies simples de 6 millimètres environ d'épaisseur. Le tableau B donne les mêmes indications pour les courroies doubles de 10 à 11 millimètres d'épaisseur.

Toutes les valeurs portées aux tableaux se rapportent à des courroies s'enroulant sur une demi-circonférence à peu près ; ensuite, pour une distance entre les arbres égale au moins à cinq fois le diamètre de la plus petite poulie ; enfin, pour un rapport entre les diamètres des poulies ne dépassant pas 1 à 3.

On conçoit facilement qu'une courroie ait une puissance d'entraînement variable avec le diamètre de sa poulie, puisque du fait de cet enroulement, elle subit une fatigue initiale, très grande sur les petits diamètres et qui va en diminuant en même temps que ceux-ci augmentent.

Ainsi, une largeur de 100 millimètres de courroie simple (tableau A) à la vitesse de 15 mètres, peut transmettre 6

CV en s'enroulant sur une poulie de 100 millimètres de diamètre ; 20 CV si elle s'enroule sur une poulie de 900 millimètres de diamètre, et 24 CV sur une poulie de 2 mètres.

Sa fatigue en traction à l'enroulement seul est de près de 26 kilos sur la poulie de 100 millimètres de diamètre et de 1,3 kg par centimètre carré de section seulement sur la poulie de 2 mètres.

Pour cette dernière il existe donc, pour transmettre du travail utile, une réserve disponible, dans sa puissance d'entraînement, bien supérieure à celle correspondant à une poulie de 100 millimètres de diamètre.

On peut inversement, d'après l'effort à transmettre, voir si le diamètre de la poulie considérée est compatible avec cet effort.

Si, par exemple (tableau B), on veut transmettre 20 CV à la vitesse de 10 mètres par seconde avec une courroie double, il faut une poulie d'au moins 1^{m},20 de diamètre.

Pour transmettre 45 CV dans les mêmes conditions sur la même poulie, il faudrait une courroie double de :

100 mm x (45 CV / 20 CV) = 225 millimètres
de largeur.

Ce tableau, très complet, indique les largeurs des courroies pour transmettre des puissances variant de 4 à 700 CV à des vitesses variant de 4 à 30 mètres par seconde.

Ces largeurs sont calculées, pour les courroies simples, pour des épaisseurs de cuir variant de 5 à 6 millimètres et, pour les courroies doubles, de 10 millimètres d'épaisseur.

Pour 15 mètres de vitesse et au-dessus, le coefficient de fatigue tient compte de la tension supplémentaire nécessitée par l'action de la force centrifuge, et nous avons adopté pour la fatigue totale un coefficient assez large pour parer à toute éventualité.

TABLEAU C

DONNANT LES LARGEURS DES COURROIES POUR DIVERSES VITESSES LINÉAIRES DE 4 A 700 CV.

VITESSES	PUISSANCE TRANSMISE EN CHEVAUX																									
m.	4	6	8	10	12	15	18	20	25	30	35	40	50	60	70	80	100	120	140	160	200	250	300	350	400	500	600	700
4	100	170	210	235	290	350	260	290	360	425	500	575	—	—	—	—	—	—	—	—	—	—	—	—	—	—	—	—
5	80	130	180	225	230	285	190	230	290	350	410	460	575	690	—	—	—	—	—	—	—	—	—	—	—	—	—	—
6	65	110	155	190	200	235	290	190	235	290	330	380	470	575	670	760	950	1150	—	—	—	—	—	—	—	—	—	—
8	50	90	110	120	145	190	225	235	180	220	255	290	360	440	510	575	750	870	1000	1150	—	—	—	—	—	—	—	—
10	42	70	95	115	140	175	210	225	150	180	205	225	290	360	400	450	600	700	810	900	1130	1430	1670	1950	—	—	—	—
12	—	60	80	100	115	145	175	190	200	240	180	190	235	290	340	385	470	530	690	760	950	1156	1430	1660	1880	—	—	—
14	—	—	70	85	100	130	150	185	200	250	235	170	210	260	309	330	420	500	580	660	810	1000	1250	1420	1600	1880	—	—
15	—	—	65	80	95	120	150	180	195	215	235	165	200	245	280	310	400	480	560	650	800	980	1210	1390	1580	1850	—	—
18	—	—	—	70	85	105	130	145	175	200	210	225	175	210	250	280	360	430	500	580	700	890	1050	1240	1450	1750	—	—
20	—	—	—	65	80	100	120	130	165	190	200	230	270	195	240	275	325	415	440	520	650	800	980	1120	1300	1620	1950	—
22	—	—	—	60	75	90	110	120	160	180	200	220	255	180	220	250	310	390	425	490	600	760	920	1060	1260	1550	1820	—
24	—	—		—	70	85	105	115	150	175	195	210	235	290	205	230	300	365	410	460	530	720	860	1000	1140	1450	1720	2000
25	—	—	—	—	65	80	100	105	140	165	190	200	230	270	330	375	285	345	400	450	550	700	830	980	1120	1390	1660	1960
26	—	—	—	—	60	75	95	100	130	155	185	195	220	265	310	360	275	330	385	440	540	680	815	950	1090	1360	1630	1920
28	—	—	—	—	60	75	90	100	125	150	180	190	210	260	305	355	270	320	375	425	530	670	800	930	1070	1340	1600	1860
30	—	—	—	—	60	75	90	95	125	150	175	190	205	255	300	350	265	315	365	420	520	660	780	920	1050	1310	1550	1820

Nous avons également admis dans la détermination de ces largeurs :

1. Que l'enroulement se produit sur une demi-circonférence au moins de la jante en fonte tournée ;
2. Que la distance entre les arbres est égale à cinq fois au moins le diamètre de la plus petite poulie ;
3. Que le brin conducteur est placé à la partie inférieure tandis que le brin mou est à la partie supérieure de façon à augmenter l'arc embrassé par la courroie sur les poulies à chaque variation de charge ;
4. Que le diamètre des poulies est supérieur à quatre-vingt fois l'épaisseur de la courroie simple au moins, et à soixante-dix fois celui de la courroie double.

On peut, du reste, combiner les résultats de ce tableau C avec ceux des tableaux A et B et modifier à volonté les dimensions trouvées pour les faire cadrer, autant que cela peut être nécessaire, pour donner toute sécurité dans un bon et régulier service de la courroie.

En se reportant du tableau C aux tableaux A et B, on peut aussi vérifier si le diamètre de la poulie est compatible avec la puissance et la largeur de la courroie.

Par exemple (tableau C), pour transmettre 18 CV à la vitesse de 10 mètres, il faut une courroie simple de 210 millimètres de largeur d'un autre côté, pour une poulie de 1 mètre, d'après le tableau A, on trouve que 100 millimètres peuvent transmettre 12,4 CV. La courroie correspondante serait donc, d'après ce tableau, de :

100 mm = 18 CV / 12,4 = 145 millimètres, s'enroulant sur 1 mètre de diamètre.

La courroie du tableau C est donc très largement calculée et pourrait n'avoir que 5 millimètres d'épaisseur ; de plus, la poulie pourrait avoir un diamètre minimum égal à celui correspondant à une bande de cuir de 100 millimètres qui aurait à transmettre 18 CV / 2,1 = 8,6 CV ; soit, d'après le tableau A, un diamètre compris entre $0^m,30$ et $0^m,40$, soit $0^m,36$ et recevant la courroie simple de 210 millimètres de largeur du tableau C.

On voit de suite l'intérêt considérable, au point de vue pratique, que présentent les trois tableaux différents pour la détermination sûre, logique et pratique des éléments d'une transmission.

Nota. — Dans le tableau C ci-dessus :

Les chiffres gras indiquent les largeurs de courroie double.

Une courroie double peut être remplacée par une courroie simple. Pour avoir la largeur de cette courroie simple, il faut multiplier la largeur de la courroie double par 1,64.

Exemple : Pour transmettre 25 CV à 4 mètres, il faut une courroie double de 360 millimètres de largeur ou une courroie simple de 360 x 1,64 = 590 millimètres.

Inversement, une courroie simple peut être remplacée par une courroie double. Pour avoir la largeur de cette courroie double, il faut multiplier la largeur de la courroie simple par 0,61.

Exemple : Pour transmettre 40 CV à 20 mètres, il faut une courroie simple de 230 millimètres ou une courroie double de 200 x 0,61 = 122 millimètres.

Calcul théorique des courroies.

Les courroies très importantes seront calculées avec précision par la méthode ci-après :

Si nous désignons par :

- P = la force en kilogrammes, à transmettre, calculée à la tangente de la poulie,
- T = la tension du brin conducteur,
- t = la tension du brin conduit,
- Ω = la section de la courroie,
- S = la charge maximum que l'on veut admettre pour l'unité de surface,
- f = le coefficient d'adhérence,
- α = l'arc embrassé sur la plus petite poulie,
- γ = la densité de la courroie,

on a, en partant de la formule théorique $T = te^{fx}$ [4] :

$$T = P\,(e^{fx}/(e^{fx} - 1))$$

donc $$\Omega\ S = P\,(e^{fx}/(e^{fx} - 1))$$

et en introduisant l'action de la force centrifuge

$$\Omega\,[S - (\gamma\,(V^2 / g))] = P\,(e^{fx}/(e^{fx} - 1))$$

Cette formule générale du calcul des courroies peut être traitée de la façon suivante qui la met à la portée de tous :

Soient :

A = chevaux à transmettre
D et d = diamètres de la grande et de la petite poulie
δ = distance entre les axes des poulies
N et n = leurs nombres de tours par minute

1° – Détermination de α l'arc embrassé sur la petite poulie :

α = 180°-175°-170° -165°-160°-155° -150°

quand (D - d) / δ atteint respectivement les valeurs suivantes :

0 - 0,088 - 0,174 - 0,262 - 0,348 - 0,432 - 0,518

L'arc embrassé est rarement de 180°, — il est de 180° quand les poulies sont d'égal diamètre ; — il est généralement de 150° à 165° sur les poulies de dynamos, de pompes centrifuges ; — 165° à 170° sur les poulies réceptrices des moteurs ; — 170° à 180° sur les poulies des transmissions intermédiaires.

2° – Détermination de f, le coefficient d'adhérence.

La valeur de ce coefficient dépend de l'état des surfaces en contact qui peuvent être sèches, humides, grasses, très grasses, et aussi de l'état de l'air ambiant qui peut être chargé de poussières, de vapeurs tenant en suspension des particules d'huile de graissage.

4 e = base des logarithmes naturels = 2,7183

Lorsque les surfaces de courroies et poulies sont dans l'état le plus convenable :

f = 0,20 — pour les courroies colon sur poulies en fonte,
f = 0,25 — pour les courroies entretenues au moyen d'enduit et les poulies toujours bien nettoyées,
f = 0,18 — pour les courroies en cuir entretenues au moyen d'enduit,
f = 0,155 — pour les courroies en cuir vieilles,
f = 0,10 — pour les courroies en cuir nouvellement posées,
f = 0,25 — pour les courroies Balaie sur poulies en fonte propres,
f = 0,30 — pour courroies en cuir sur poulies en bois.

Dans les salles de machines à vapeur, l'adhérence dépasse rarement 0,155 et descend au-dessous de 0,10 quand l'huile des paliers - cas très fréquent - tombe sur les surfaces.

3° – Détermination de $e^{fx}/(e^{fx} - 1) = K$.

Ce coefficient prend les valeurs indiquées dans le tableau suivant pour les différentes valeurs de *cc* et de *f* plus haut :

Coefficient K

f	Pour arcs embrassés α :						
	150°	155°	160°	165°	170°	175°	180°
0,10	4,34	4,23	4,13	3,99	3,86	3,78	3,71
0,155	3,00	2,93	2,86	2,77	2,71	2,65	2,59
0,18	2,67	2,61	2,54	2,47	2,42	2,37	2,32
0,20	2,46	2,39	2,35	2,28	2,235	2,20	2,15
0,25	2,08	2,03	1,99	1,95	1,91	1,875	1,85

4° – Calcul de P = Puissance à transmettre

$$P = (A \times 75) / V$$

Si A = 80 chevaux et V = 19 mètres par seconde, on a :

P = (80 x 75) / 19 = 315,7 kg qui se calcule aisément à la règle.

5° – Calcul de V et de $\gamma V^2 / g$

La vitesse par seconde $V = \pi\ [(D\ N)/60]$

Ω de la formule générale étant comptée en mètres carrés, est le poids en kilos du mètre cube. Presque toutes les courroies ont pour pesanteur spécifique 1 000, γ vaut donc 1 000 kilogrammes. Quoique *g* varie selon les latitudes, nous pouvons le considérer égal à 9,81 ; on a donc :

$$\gamma V^2 / g = 1\,000\ V^2 / g = 102\ v^2$$

Cette valeur devient importante au-dessus de 10 mètres de vitesse et ne peut donc être négligée.

Pour des vitesses à la seconde de :

10 –12 – 15 – 18 – 20 – 25 – 30 et 35 mètres

$\gamma V^2 / g$ devient respectivement :

10 200 – 4 650 – 22 900 – 33 100 – 40 800 – 64 000 – 91 800 et 125 000 kilos, c'est-à-dire que la force centrifuge fait subir à la courroie par millimètre carré de Ω une charge supplémentaire de :

10,2 – 14,7 – 22,9 – 33,1 – 41 – 64 – 92 et 125 grammes.

6° Détermination de S.

La charge que l'on peut admettre par unité de surface de section de la courroie dépend de la nature de la courroie et de sa qualité, celle-ci dépend de la rupture. Plus la charge de rupture est élevée, plus grande peut être la charge utile admissible.

En aucun cas cependant, la charge ne doit dépasser le 1/10 du coefficient de rupture.

Il faut aussi tenir compte du travail que doit faire la courroie selon qu'elle est appliquée sur machine à vapeur, dynamo, pompe, transmissions intermédiaires, poulies cônes, appareils avec ou sans volants ; selon que sa marche est droite, croisée ou demi-croisée, selon la grandeur de la surface de contact de la courroie, sur la plus petite des deux poulies par cheval à transmettre.

Nous conseillons les valeurs de S suivantes :

Pour petites courroies :

– S = 300 grammes par millimètre carré de courroies coton et cuir marchant droites,
– S = 250 grammes pour les mêmes courroies marchant croisées,
– S = 200 grammes pour les mêmes courroies marchant demi-croisées,
– S = 400 grammes pour les *balatas* marchant droites,
S = 350 grammes pour les *balatas* marchant demi-croisées.

Pour les grandes courroies : courroies de machines à vapeur, de dynamos.

$$S = 400 \text{ grammes.}$$

Et quand l'épaisseur doit être forcément réduite par suite de l'insuffisance de diamètre de l'une des poulies, on peut dépasser 400 grammes en faisant choix de courroies préparées spécialement.

Applications

I. — Données pour courroie de dynamo en cuir

A = 60 chevaux,
D = $4^{m},00$
d = 0,500,
n = 650 tours,
δ = 6 720.

Salle propre, poulies bien entretenues.

1° Propreté et bon entretien des poulies, courroies en cuir donc f = 0,155.

2.° α = (4 000 - 0,500) / 6 720 = 0,520 ce qui correspond à 150°.

3° pour *f* = 0,155 et α = 150°, $(e^{fx}/(e^{fx} - 1)$ sera égal à 3.

4° V= (0,500 x π x 6502) / 60 = 17 m.

et $\gamma V^2 / g$ = 29 400

5° P = 60 x 75 / 17 = 265 kilogrammes.

6° La Dynamo bien entretenue et ne pouvant avoir des à-coups de plus de 5 chevaux, nous pouvons en toute sécurité adopter 400 grammes de charge par millimètre de 12 en bonne qualité de cuir.

Donc, S = 400 000
et $S - \gamma V^2 / g$ = 400 000 - 29 400 = 370 600

La formule générale devient donc :
Ω x 370 600 = 265 x 3
ou Ω = 265 x 3 / 370 600 = 2 140 mm^2

la courroie pouvant avoir 320 millimètres de largeur, son épaisseur devra être de :
2 140 / 320 = 6,7 mm.

II. — Soient les mêmes données que dans l'exemple précédent, et la même courroie en cuir de largeur 320 mm, épaisseur 6,7 — avec cette seule différence que les surfaces de poulies sont devenues légèrement grasses, — ce qui se voit au moyen d'un morceau de papier qu'on applique sur la jante.

Le coefficient d'adhérence, au lieu de valoir 0,155 peut descendre au-dessous de 0,10. Voyons quelle serait la charge de cette courroie avec = 0,10.

Pour α = 150° et f = 0,10, $(e^{fx}/(e^{fx} - 1) = 4{,}34$

La formule générale :

$$\Omega\,[S - (\gamma V^2 / g)] = P\,(e^{fx}/(e^{fx} - 1)$$

devient :

0,002140 m^2 (S - 29 400) = 265 x 4,34 d'où S = 570 grammes environ.

Il est à remarquer que, dans le 1er cas, poulies propres, la courroie marche à 400 gr. par mm^2 ; dans le 2e, cette charge est augmentée de 170 gr.

A la charge de 570 gr. la courroie serait fort surmenée, ne durerait pas longtemps et offrirait peu de sécurité.

De cet exemple il résulte :

1°. Qu'une courroie, bien calculée, bien choisie, peut travailler sans qu'on le sache, très surmenée ; ou mal transmettre la force si la cause, souvent difficile à découvrir, n'est pas connue.

2°. Qu'une même courroie peut traverser une période d'extrême fatigue, alors que le travail qu'elle avait à faire est resté le même.

III. — Quelle courroie faut-il placer sur une pompe centrifuge, élevant 9 000 litres d'eau par minute, à 13 mètres de hauteur totale, aspiration et refoulement, le diamètre de sa poulie est de 370 mm, largeur 300, nombre de tours 505 ?

La poulie de commande a 650 mm et la distance des axes est 3 500.

Nous avons :

A = 50 chevaux,
D = 650,
d = 370,

n = 505,
δ = 3 500.

on a : (650 - 370) / 3 500 = 0,080 soit pour α la valeur de 175°.

Sur les poulies de pompes centrifuges l'adhérence n'est jamais parfaite, et il est presque impossible d'obtenir l'état d'entretien convenable à la bonne marche de la courroie.

Le voisinage de l'eau doit faire rejeter la courroie en cuir, l'insuffisance de diamètre de la poulie ne convient pas à la courroie de coton épaisse. Il faut donc choisir une courroie en poils de chameau ou une courroie Balata, pour lesquelles :

Courroie poils, f = 0,10

Courroie Balata, f = 0,20.

maxima admissibles sur les poulies de pompes centrifuges.

Les valeurs respectives de K deviennent :

Pour courroies poils, K = 4,23

Pour courroies Balata, K = 2,39

$$V = (370 \times \pi \times 505) / 60 = 9{,}750 \text{ m}$$

P = (4,23 x 50 x 75) / 9,750 = 1 625 kilos pour courroie poils.

P = (2,39 x 50 x 75) / 9,750 = 920 kilos pour courroie Balata.

La poulie n'a que 300 de largeur et comme il se produit souvent aux mises en marche des coups de bélier, des résistances qui font dévier la courroie à droite et à gauche, la largeur de celle-ci ne peut dépasser 260 mm.

Examinons les deux cas : courroie en poils et courroie Balata :

1° *Courroie en poils de chameau.* — Vu le petit diamètre de la poulie, elle ne peut être épaisse, sinon il y a des fatigues et des efforts de flexion à l'enroulement qui la feront se crevasser rapidement. Soit épaisseur 12 mm, ce qui est énorme pour une poulie de 370 mm : la section serait :

$$\Omega = 260 \times 12 = 3\ 120 \text{ mm}^2$$

et sa charge serait :

$$S = 1\ 625 / 3\ 120 = 520 \text{ grammes}$$

et tenant compte de la force centrifuge 528 grammes ;

2° *Courroie Balata.* — Quelle doit être sa section ?

$$\Omega = [920 / (400 - 8)]\ 2\ 310 \text{ mm}^2$$

ce qui donne pour largeur 260, épaisseur = 9 mm ; une courroie Balata de 9 mm d'épaisseur serait trop rigide pour la poulie de 370 mm. En ramenant l'épaisseur à 7 mm ou 5 plis quelle serait sa charge ?

$$\Omega = 260 \times 7 = 1\ 820 \text{ mm}^2$$

S = 920 / 1 820 = 504 fr. ou avec la force centrifuge 512 gr.

La courroie Balata avec 7 mm d'épaisseur marcherait à 512 grammes, charge exagérée, mais doit être préférée ici parce que celle en poils de chameau marcherait à 528 grammes avec 12 mm d'épaisseur.

Il est souvent impossible de donner à la courroie l'épaisseur voulue ; la charge à laquelle elle travaille devient exagérée et si des accidents surviennent tels que coups de bélier, échauffement de coussinets, cette charge augmente encore et se rapproche trop de celle de rupture. La courroie qui devra supporter pareille fatigue se déformera et s'allongera sans cesse jusqu'à rupture.

Nous avions choisi à dessein les exemples précédents qui se présentent fréquemment en pratique et qui prouvent qu'il faut — outre l'application de la formule — soumettre à un travail d'analyse tout projet de quelque importance.

Limite de vitesse

Le calcul précédent montre que la surface de section des courroies décroît avec l'augmentation de la vitesse ; ainsi, pour un arc embrassé de 180°, il faut, par cheval à transmettre, les sections suivantes :

649 mm^2	de courroie pour	1 mètre par seconde	
129	—	5	—
68	—	10	—
47	—	15	—
37,5	—	20	—
33	—	25	—

en continuant le calcul au-delà de 25 mètres, cette section diminue moins sensiblement jusqu'à $31^m,3$ pour augmenter ensuite rapidement, ainsi nous avons :

31,1 mm^2	de courroie pour	30 mètres par seconde	
31,7	—	35	—
35,4	—	40	—
46,4	—	45	—
70,5	—	50	—

Il y a donc une limite de vitesse à laquelle on peut transmettre la force avec le minimum de section de courroie et qu'il est utile de connaître.

Reprenant la formule générale de la page 230 qui peut être écrite sous la forme :

$$\Omega = 75\,K\,A\,/\,[V\,S - (\gamma V^3/g)]$$

ou

$$75\,K\,A\,/\,(V\,S - 102\,V^3)$$

$(e^{fx}/(e^{fx} - 1)$ étant représenté par K, il est facile de voir que le minimum de Ω dépend de :

$$V\,S - 102\,V^3$$

et que la limite de vitesse dépend de S.

Or, le minimum de Ω aura lieu lorsque la dérivée première par rapport à V :

$$V' = S - 306\ V^2 = 0$$

c'est-à-dire pour :

$$V = \sqrt{S/306}$$

On arrive donc au minimum de section de courroie pour les vitesses suivantes :

$25^m,6$	quand la charge par mm^2 est de	200	gr.
$28^m,6$	—	250	—
$31^m,3$	—	300	—
$33^m,8$	—	350	—
$36^m,1$	—	400	—

Ce tableau démontre à l'évidence que, plus la vitesse est grande, plus il convient de faire choix de courroies à coefficient de rupture élevé, et ainsi s'explique comment une courroie en coton fabriquée avec des fils résistants a fonctionné de façon irréprochable à une grande vitesse, alors que la courroie en cuir, de section plus grande, qu'elle a remplacée, n'avait pu transmettre sans glissements la même puissance.

Ici se pose le problème suivant :

Quel diamètre de poulie faut-il adopter pour transmettre la puissance avec le minimum de courroie, étant donnés la force en chevaux A et le nombre de tours N d'un moteur ou d'une transmission, avec une courroie en cuir ne devant travailler qu'à 250 grammes par mm^2 de Ω).

Soient A = 350 chevaux ;
N = 90 tours.

La vitesse étant terminée par :

$$V = \pi\ (DN\ /\ 60) \quad \text{ou} \quad 0{,}0523\ DN$$

$$\text{on a} \quad D = V\ /\ (0{,}0523\ N)$$

remplaçant V par sa limite trouvée plus haut, on a :

$$D = \frac{\sqrt{\frac{S}{306}}}{0{,}0523\ N} = \frac{\sqrt{\frac{250.000}{306}}}{0{,}0523\ N} = 6 \text{ m. } 100$$

Nota. — Pour les câbles en cuir, les courroies rondes, trapézoïdales et en cuir tordu, voir le volume VII (*Cordes, câbles, chaînes*) de cette Encyclopédie.

CHAPITRE II

MONTAGE D'UNE LIGNE D'ARBRES

Il faut d'abord tendre un cordeau à la place que doit occuper l'arbre, la direction de ce cordeau étant bien parallèle aux autres arbres sur lesquels doivent travailler les courroies.

Malgré qu'il soit bien tendu, un cordeau ne peut pas donner le ***niveau horizontal*** qu'il faut déterminer soit avec une règle de 4 mètres de longueur parfaitement dressée et un ***niveau à bulle d'air***, ou mieux avec le ***niveau à tube de caoutchouc*** qui est l'outil indispensable pour faire les nivellements importants comme on le voit figure 200. L'appareil de précision représenté sur cette gravure comprend deux récipients RR communiquant entre eux au moyen d'un tube flexible en caoutchouc (fig. 200).

Chacune des fioles est fermée à sa partie supérieure par un couvercle à manchon gradué formant coulisse à frottement dur pour la tige de nivellement.

La tige est graduée en mm, et le manchon porte un vernier au 1/10 de millimètre.

Les récipients étant à moitié remplis d'eau et réunis entre eux par un tube flexible, la différence de hauteur des deux colonnes d'eau donne immédiatement et avec précision la différence de niveau existant entre les plans sur lesquels reposent les bases des deux récipients ; pour relever la différence de hauteur des niveaux, il suffit d'amener la pointe des tiges en contact avec l'eau.

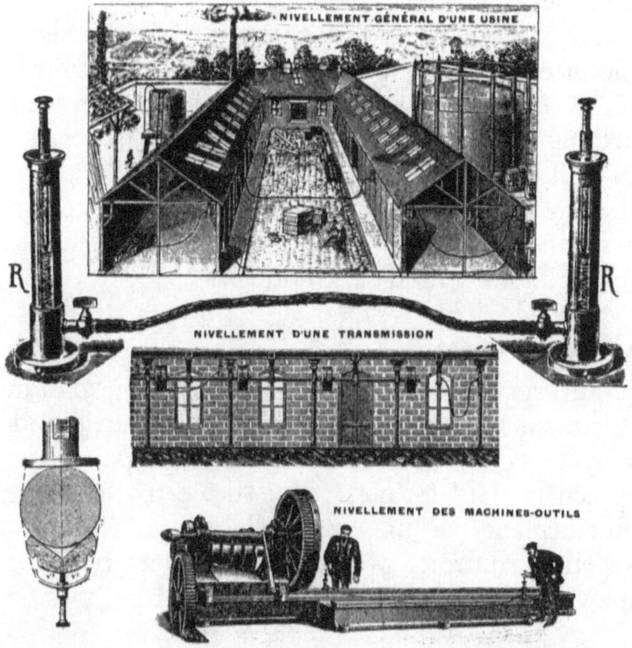

Fig. 200. — Nivellement au niveau à tube de caoutchouc.

La mise en contact des pointes et de l'eau est observée sans difficulté car elle est indiquée par le mouvement brusque du liquide qui saute sur la pointe autour de laquelle se forme un ménisque convexe.

La différence entre les deux nombres relevés sur les verniers ***donne instantanément au 1/10 de mm, la différence de niveaux cherchée.***

Le montage du niveau sur les arbres de transmission s'effectue à l'aide du support représenté en bas à gauche de la gravure empêchant l'instrument d'être entraîné par le poids du caoutchouc rempli d'eau.

Les arbres horizontaux qui doivent être reliés par courroie doivent être parallèles dans les plans verticaux ; on vérifie ce parallélisme au moyen de fils à plomb dont on mesure très exactement les distances.

Les chaises de transmission seront d'abord scellées ou boulonnées autant que possible de niveau et en droite ligne selon le cordeau ; mais il faut s'attendre à caler sous les paliers, au moyen de feuilles de tôles de diverses épaisseurs pour réaliser un nivellement parfait.

L'arbre doit tourner à la main une fois tous les coussinets serrés ; on ne doit pas voir tourner un arbre bien installé parce qu'il tourne rond et ne flotte pas.

Pose des courroies.

Pour l'agrafe ou la jonction des larges courroies mises en place sur leurs poulies, on emploie l'appareil tendeur, représenté figure 201, composé de deux pinces qui se rapprochent par le mécanisme de deux écrous mus simultanément par une manivelle et des vis sans fin. Les petites courroies peuvent être agrafées en place en employant le procédé indiqué figure 172-14.

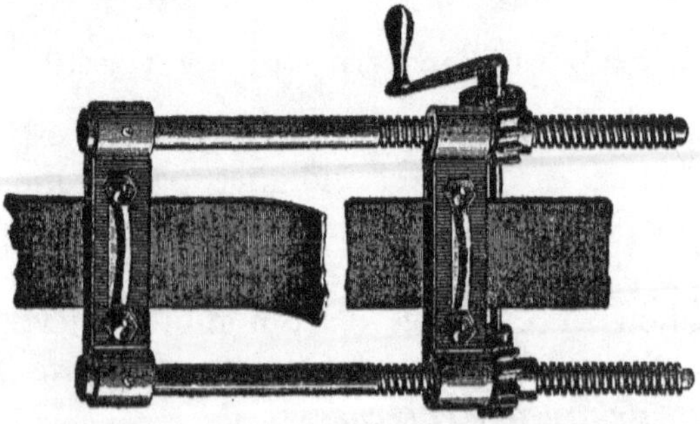

Fig. 201. — Tendeurs de courroies.

BIBLIOGRAPHIE

Armengaud. — *Vignole des mécaniciens.* 1 vol. in-8° jésus de 720 pages, avec 885 figures. 3e édition.

Auclair, Boyer-Guillon et Coulmeau. — *Recherches techniques et expérimentales sur le fonctionnement des courroies de transmission.*

A. Blanc. — *Mécanique générale. Résistances mécaniques. Constructions industrielles.* 1 vol. in-16 de 664 pages, avec 420 figures.

R. Delaveuve. — *Notes sur les courroies de transmission.* 1 vol. in-16 colombier de 71 pages, avec 33 figures et 1 planche.

G. Franche. — *Engrenages. Transmissions.* 1 vol. in-8° de 134 pages, avec 88 figures.

J. Godfroid. — *Transmissions par courroies.* 1 vol. in-8°, avec figures.

A. Gouilly. — *Éléments et organes des machines.* 1 vol. in-8° de 406 pages, avec 710 figures.

Hütte. — *Manuel de l'Ingénieur.* Nouvelle édition française du manuel de la « Société Hütte ». Traduit sur la 24e édition allemande. 3 volumes in-16 couronne de plus de 4200 pages, avec plus de 3000 figures et de nombreux tableaux dans le texte.

J. Izart. — *Aide-mémoire de l'ingénieur-mécanicien.* 1 vol. in-8° de 1126 pages, avec 716 figures et tableaux. 4e édition.

L. Jacob. — *Organes des machines opératrices et des transmissions.* 1 vol. in-18 de 360 pages, avec 372 figures et 63 planches.

K. Keller. — *Calcul et construction des transmissions.* 1 vol. in-8° de 489 pages, avec 450 figures.

De Laharpe. — *Notes et formules de l'Ingénieur.* 3 volumes in-16 couronne de plus de 4500 pages, avec plus de 3500 figures. 22e édition.

L. E. Loche. — Des mécanismes élémentaires. 1 vol. in-8° de 258 pages, avec 395 figures.

L.E. Loche. — *Théorie simplifiée des mécanismes élémentaires.* 1 vol. in-8°. de 172 pages, avec 160 figures.

A. Nachtergal. — *Notes et formules du contremaître mécanicien.* 1 vol. in-12 de 351 pages, avec 289 figures.

A. Nachtergal. — *Transmissions par courroies.* 1 brochure in-8° de 56 pages, avec 27 figures.

A. Roulier. — *Éléments des machines.* 1 vol. in-8° raisin de 120 pages, avec 146 figures et 2 planches.

J. Rütishauser. — *Transmission.* 1 vol. in-8°. de 320 pages, avec 203 figures.

L. Sourdille. — *Guide-manuel de l'ouvrier et du constructeur.* 1 vol. in-12 de 374 pages, avec figures.

H. Weiss. — *Traité élémentaire de mécanique.* Tome I. Mécanismes, transmissions, machines-outils. 1 vol. in-16 avec 210 figures.

TABLE DES MATIÈRES

PREMIÈRE PARTIE

CONSIDÉRATIONS GÉNÉRALES SUR LES TRANSMISSIONS PAR ARBRES, POULIES ET COURROIES

Chapitre I

ARBRES DE TRANSMISSION

Chapitre II

CALCUL DES ÉLÉMENTS D'UNE TRANSMISSION

Chapitre III
CLAVETTES, CLEFS ET GOUPILLES

Chapitre IV
PALIERS ET COUSSINETS

Chapitre V
ACCOUPLEMENTS D'ARBRES

DEUXIÈME PARTIE
ACCESSOIRES DES TRANSMISSIONS

Chapitre I
CHAISES ET SUPPORTS

Chapitre II
POULIES

Chapitre III

RENVOIS, TENDEURS ET ENROULEURS

Chapitre IV

COURROIES

TROISIÈME PARTIE

CHANGEMENTS DE VITESSE ET DÉBRAYAGES PAR COURROIES

Chapitre I

CHANGEMENTS DE VITESSE PAR COURROIE

Chapitre II

DÉBRAYAGE PAR COURROIE

QUATRIÈME PARTIE

CALCUL DES COURROIES

Chapitre I

CALCUL PRATIQUE ET RAPIDE DES POULIES ET DES COURROIES D'USAGE COURANT

Chapitre II

MONTAGE D'UNE LIGNE D'ARBRES

www.ingramcontent.com/pod-product-compliance
Lightning Source LLC
LaVergne TN
LVHW090423061026
849522LV00002B/462

* 9 7 8 2 3 6 9 6 5 0 0 6 5 *